2021
中国园林古建筑精品工程项目集

《筑苑》理事会 编

中国建材工业出版社

图书在版编目(CIP)数据

2021中国园林古建筑精品工程项目集 / 《筑苑》理事会编. -- 北京 : 中国建材工业出版社, 2021.10
ISBN 978-7-5160-3319-7

Ⅰ. ①2… Ⅱ. ①筑… Ⅲ. ①古典园林-园林建筑-案例-汇编-中国 Ⅳ. ①TU986.4

中国版本图书馆CIP数据核字(2021)第200433号

内 容 简 介

本书由35个中国园林古建筑精品工程项目案例组成，涉及园林工程、古建筑工程、古城保护、乡村振兴、铜装饰工程、文物修缮、海绵城市建设、生态环境修复、绿化养护等多个方面。书中对每个精品工程的工程概况、工程理念、工程的重点难点及特点，以及新技术、新材料、新工艺的应用等做了详细阐述，客观介绍了目前我国园林古建筑领域在设计理念、施工技术以及创新做法等方面的先进经验，对业界同行具有很好的示范意义和参考价值。

本书可作为园林工程、古建筑工程领域政府部门、企事业单位的管理人员、设计人员、施工人员、技术人员等的参考书，也可以作为本科和高职院校园林古建工程类专业师生的教学参考资料。

2021中国园林古建筑精品工程项目集
2021 Zhongguo Yuanlin Gujianzhu Jingpin Gongcheng Xiangmuji
《筑苑》理事会 编

出版发行：中国建材工业出版社
地　　址：北京市海淀区三里河路1号
邮　　编：100044
经　　销：全国各地新华书店
印　　刷：北京天恒嘉业印刷有限公司
开　　本：889mm×1194mm　1/16
印　　张：16.5
字　　数：300千字
版　　次：2021年10月第1版
印　　次：2021年10月第1次
定　　价：200.00元

本社网址：www. jccbs. com，微信公众号：zgjcgycbs
请选用正版图书，采购、销售盗版图书属违法行为

本书如有印装质量问题，由我社市场营销部负责调换，联系电话：（010）88386906

《2021中国园林古建筑精品工程项目集》编委会

中国建材工业出版社

《筑苑》理事会

《筑苑》丛书编委会

前言 foreword

人与自然和谐共生、建设生态文明，是中华民族永续发展的千年大计。党的十九大报告中指出，加快生态文明体制改革，建设美丽中国。2020年，国家提出实现碳达峰目标和碳中和愿景，达到并实现这些要求，需要多学科、多专业的共同努力，园林古建行业将在其中持续发挥重要作用。

园林景观是生态文明的重要载体之一，园林建筑、园林植物造景、园林铺装、园林小品等可为人们营造高品质的居住环境和公共活动空间，提高人民的幸福指数。古建筑的雕梁画栋、油漆彩画、工艺做法，展现了中华优秀传统文化的魅力，是实现文化传承与发展的重要途径。为加快实现我国园林古建行业高质量发展，鼓励企业及社会各界对园林古建领域的关注和投入，提升园林古建行业整体发展水平，中国建材工业出版社《筑苑》理事会从2018年开始举办中国园林古建筑精品工程征集活动。

2021年是“十四五”开局之年，也是园林古建行业积极应对新冠肺炎疫情、房地产风险等多重压力的关键之年，园林古建行业如何在变局之年迎接挑战、抓住机遇，赢得发展主动权，是行业共同关心的话题。中国建材工业出版社《筑苑》理事会积极作为，组织了第4届园林古建筑精品工程征集活动，得到了理事会广大成员单位的积极响应，成员单位共申报工程项目70余项，根据征集活动办法，《筑苑》理事会共筛选出35个符合申报要求的项目进入专家评审环节，顺利通过评审的项目入编本次出版的《2021 中国园林古建筑精品工程项目集》，面向全国发行。

入编本书的精品工程项目涉及园林工程、古建筑工程、古城保护、乡村振兴、铜装饰工程、文物修缮、海绵城市建设、生态环境修复、绿化养护等多个方面，无论是设计水平还是施工水平，都具有一定的典型性和示范性，其中很多工程在当地省市荣获过优秀园林、古建工程奖。书中对每个精品工程的工程概况、工程理念、工程的重点及难点，以及新技术、新材料、新工艺的应用等做了详细阐述，客观地介绍了目前我国园林古建筑领域在设计理念、施工技术以及创新做法等方面的先进经验，对业界同行具有很好的示范意义和参考价值。

优秀的园林古建筑精品工程不仅为人们营造了宜居的生活环境和优雅的人文氛围，而且还是中华优秀传统文化继承与发展的生动体现，代表着传承与创新、精益求精的工匠精神，以创先争优的鲜明导向激发园林古建行业高质量发展的信心和动力。希望本书的出版能够为广大同行提供借鉴与参考，也期待更多园林古建企业创造出更多优秀、经典的工程项目，共同推动我国园林古建行业高质量发展迈上新台阶。

编者

2021 年 9 月

目录 contents

华山洼生态修复及功能提升项目

——杭州市园林绿化股份有限公司

设计单位：济南市园林规划设计研究院

北京市园林古建设计研究院有限公司

施工单位：杭州市园林绿化股份有限公司

工程地点：山东省济南市华山风景区

项目工期：2018年7月16日—2019年12月24日

建设规模：总面积约394200平方米，其中绿化面积约320040平方米，水域面积20460平方米

工程造价：20838.8万元

本文作者：于会莲　杭州市园林绿化股份有限公司　助理工程师

王　曦　杭州市园林绿化股份有限公司　工程师

裴世云　江苏智仁生态环境建设工程有限公司　工程师

图1　华山历史文化湿地公园

图 2　公园入口

图 3　滨水平台鸟瞰

一、工程概况

华山洼生态修复及功能提升项目位于山东省济南市华山风景区，总面积约394200平方米，其中绿化面积约320040平方米，水域面积20460平方米，工程内容包括绿化种植、园路及广场铺装、景观桥、景观亭、驳岸挡墙、厕所等。

华山历史文化湿地公园是华山片区的重要组成部分，其独特的自然风光和深厚的历史文化底蕴，将作为济南城市山水空间结构的北部重要节点，是济南新的城市名片和旅游胜地，是创建湿地生态文明城市建设的重要组成部分，在保护自然、改善生态、发扬文化等各个方面，都具有重要的意义（图1~图20）。

图 4　公园景观 1

图 5　公园景观 2

图 6　公园景观 3

图 7　自然驳岸 1

图 8　自然驳岸 2

图 9　硬质铺装 1

图 10　硬质铺装 2

图 11　多层次的公园景观 1

图 12　多层次的公园景观 2

图 13　平桥

图 14　拱式桥

二、工程理念

该工程周边有华山、卧牛山、驴山，地势坡度较大，施工过程中以遵循自然山水为施工的基本原则，追求自然和谐，以达到“天人合一”的效果。造园的具体表现就是“因地制宜、依山就势”，善于利用现有的自然环境条件，体现出人工建造对自然的尊重，并与自然和谐共生。

1. 群落组合，季相分明

植物配置以济南乡土树种为主，选择的苗木品种质感协调，色彩变化丰富，层次分明，形态相映成趣，营造出富有济南特色的滨湖绿化景观。

图 15　公园水体 1

图 16　公园水体 2

植物配置是该工程景观营造的一大亮点。项目运用了植物群落组团式、树阵式、规则式的造园手法，将各种植物营造出丰富的景观效果。为营造具有当地特色的园林景观，树种选择以乡土树种为主，确保苗木适应性和后期长势。常绿植物（如女贞、白皮松、黑松、石楠球、黄杨球等）与落叶植物（如银杏、朴树、榔榆、紫薇、樱花等）搭配比例协调，乡土树种的比率不小于 90%，乔灌木的种植比例控制在（5 ～ 7）：（2 ～ 1）：（3 ～ 2）。以植物的规律性搭配来区别各个组团，形成不同的组团特色。灌木搭配时注意树形、色彩的配合及季相的变化，不仅增加了绿量，而且丰富了植物景观的层次。工程将乔木、灌木和地被有机结合，形成层次分明、错落有致的整体布局，在项目施工中尽可能地保留了原生树种，在此基础上新增加了大量的乡土树种，丰富了群落结构，完善了景区的生态系统。

2. 微地形营造

微地形的塑造是园林绿化建设的主要内容之一，地形改造的好坏直接关系到是否具有景观效果。本项目在种植土的选择和改良上，首选优质黄土和泥炭土，确保充足量同时又保证质的要求。如用深层土，对其进行晾晒和增肥，达到种植土的要求后再进行利用。结合景观空间及植物种植特色，塑造起伏有致的微地形景观层次，微地形边界坡度不宜大于 1∶3，同时边界有河道及放坡较陡时采用钢筋混凝土挡墙、木桩驳岸、景观石叠石驳岸等。

图 17　公园叠石

图 18　公园道路 1

图 19　公园道路 2

图 20　公园道路 3

3. 宏观构景、中观造势、近观显巧

华山洼生态修复及功能提升项目是华山历史文化湿地公园的重要组成部分，该湿地公园为城市居民营造了一个休闲、娱乐、休息的适合场所，公园景观反映了地方特色、时代风貌和都市的现代化气息。在景观营造上以优化植物配置为主，强调生态绿化；力图做到四季有花、四季常青，突出植物的季相效果；立体绿化层次分明，突出层次效果；以自由式的江南园林手法为主，结合当地人文特色，在创造良好生态群落的前提下，追求景观效果，力求做到生态性和视觉效果的有机结合，着力营造贯穿全线的特色文化景观节点。

园区内的景观桥自然简约，力求达到"宏观构景、中观造势、近观显巧"的效果。其中，景观小桥除了作为观赏景观之外还要充分考虑其功能作用，综合考虑道路交通、休闲观景和人行、游船等功能要求，做到车行畅通、人行方便、休闲观光舒适。其中，平桥实用、经济、简洁，造型纯朴，具有沿水平方向伸展的穿越感，拱式桥弧线优美轻柔、古朴大方，具有华夏民族拱式建筑的艺术特征，兼有人文景观和自然景观协调美的特性。为增加游人与环境的互动，还设置了观景平台、亲水平台、码头等。

三、工程的重点及难点

1. 合理安排，有序开展

工程施工内容多，施工面广，工期紧，对技术要求高，还要配合多个施工单位交叉施工。济南的夏季不仅炎热，且多降雨，全年 60% 的降水量集中在夏季，暴雨天数集中在 7、8 两月，占全年暴雨日数的 70%。依据工程安排、本项目施工的特点以及本地区的地理气候条件，为使工程顺利地度过汛期，保证工程的安全和顺利进行，针对雨期施工制定了专项施工方案，以确保工程施工质量与安全，有效地减少降雨给施工带来的影响。

2. 土壤改良，确保成活

济南当地土质中有机质分解慢，透水性差，既不耐旱，也不耐涝，不利于植物成活和生长。杭州市园林绿化股份有限公司自行研制的竹炭土，有机质含量大于40%，具有疏松透气、保水保肥的特性，能有效地改善土壤团粒结构，激活土壤生物活性，无杂草虫卵、无异味，是绿色环保的可再生资源。通过采用该竹炭土对土壤进行改良，大大提高了植物的成活率，保证了后期的景观效果。

3. 协调施工与现状的关系

在充分调研华山片区的植物群落关系后，分析出几种稳定的植物群落关系构成，作为园区植物配置范本。设计及施工时合理搭配乔、灌、草、常绿、落叶，以及快长树和慢长树的配比，建立多种多样的景观和群落类型。在保证与周边环境有机融合的基础上，充分解读华山地区现状自然植被信息，追求植物种类的多样性。了解华山地区乡土植物的相互依存关系，在设计及施工时，维持场地内部物种多样性。设计多样的植物群落以及景观斑块，保证景观丰富度，确保四季有景。

四、新技术、新材料、新工艺的应用

1. 土壤改良

本工程种植区域多为强风化岩及贫瘠土壤，不能完全满足植物的生长需要，运用有机基质（竹炭土）按比例进行改良，土壤理化性质得到了改善，促进了植物生长，提高了植物成活率。

2. 海绵城市理念应用

将生态优先的理念体现在道路铺装上。为有效改善阴雨天路面积水的问题，设计天然石透水人行道，采用天然机制打磨石子作为混凝土的骨料，全部采用透水混凝土材料，引入海绵城市理念，充分考虑雨水下渗和净化作用，设置下凹绿地，使场地具有一定的保水能力，有效降低了下雨时的峰值，避免了道路积水情况的出现，为游客提供了更好的游览条件。

项目荣誉：
本项目获2020年杭州市优秀园林绿化工程金奖。

山西太原太山景区龙泉寺唐风铜地宫

——杭州金星铜工程有限公司

设计单位：山西达志古建筑保护设计研究院

施工单位：杭州金星铜工程有限公司

工程地点：山西省太原市晋源区风峪沟太古路

项目工期：2014 年底—2018 年 11 月

建设规模：占地面积达 23 公顷，建筑面积 3 万多平方米

本文作者：王义刚　杭州金星铜工程有限公司　副总裁、项目总监

林罗胜　杭州金星铜工程有限公司　技术总监

图 1　太原太山龙泉寺

一、工程概况

太山在太原西南方向，举目瞭望，山峦突兀峥嵘，漫山遍野，苍翠欲滴，溪泉涌流，叮咚作响，环境幽雅，景色秀丽。龙泉寺坐落在太山的山腰上，位于太原市西南 23 公里处（图 1）。相传其原名叫太山寺，只因为当地久日无雨，在当地百姓和官员一起到这里向上天祈雨的时候，发现了汩汩泉水，以为是上天神迹，所以取名为“龙泉”。

2008 年 5 月，专家经过一个多月的挖掘，在太山的龙泉寺附近挖出一个千年石函，经有关专家发掘证实为唐代佛塔基址，基址下发掘出一座地宫（图 2）。由于地宫石函刻文没有明确的纪年文字，研究者根据石函上某些供养人的名字写法所透露出的武周时代风格，将太山龙泉寺塔基遗址及其出土的宝函确定为唐武周时期。

该遗址是佛塔地宫瘗埋舍利的早期实例，也是现存地宫中最早的一例。龙泉寺地宫出土遗物等级较高，为研究唐代佛教文化及工艺技术提供了不可多得的实物资料。值得注意的是：对塔基周边唐碑、西坪等遗迹的考古发掘也表明太山龙泉寺在唐代具有不同寻常的规格和地位。

地宫内出土一件石函，石函内套装有鎏金铜饰木椁、木胎鎏金铜椁、木胎银椁、金棺，共计五重棺椁，轰动海内外（图 3、图 4）。一层棺揭开又现一层，光彩夺目，件件巧夺天工，所有人都连连惊叹，最后到金棺这里不敢再揭开。

太原龙泉寺佛塔建筑基址出土的金棺银椁，是唐代修建舍利塔、使用特定的本土式棺椁制度瘗埋舍利的重要实证。龙泉寺的这次发现，对研究中国的文化史、宗教史、社会史、经济史、建筑史，提供了弥足珍贵的资料。2013 年 5 月，龙泉寺被列为第七批全国重点

图 2　龙泉寺地宫石函

图 3　出土的五重棺椁

图 4　舍利金棺

文物保护单位。

2018 年年底，太山龙泉寺复建工程作为太原市重点工程之一圆满收官。为了更好地保护和展示这一珍贵遗址和出土的佛舍利等文物，国家和山西省文物主管部门批准建设太山龙泉寺舍利塔唐代地宫遗址展示厅。

杭州金星铜工程有限公司（以下简称“金

星铜工程”）匠心营造了仿唐式铜地宫、六角铜亭及佛乐台铜装饰工程。全铜地宫更是成为太山龙泉寺建设新的亮点，全面展示了地宫和鎏金铜棺的历史、艺术、文化价值。地宫的建设范围包括：地宫遗址展示厅的地面、墙面、藻井、屋顶、陈设器物、展示窗口、展台、步道等所应该表达的各种内容题材、图像系统和艺术形式。

二、工程理念

龙泉寺地宫的建设宗旨，是全面系统展示龙泉寺唐代舍利瘗埋制度，并通过对展示厅的建筑空间、图像系统、器物组合等合理构建与系统阐释，力求科学揭示佛教舍利瘗埋礼仪中所表达的想法，及其对生死的理解。

金星铜工程精心打造的仿唐地宫，用铜量达65吨。地宫参考发掘资料及同期佛寺地宫及舍利函，整体内容设置为显密兼容，以显为主，体现武周至开元时期的佛教信仰特征。

除中央释迦牟尼佛涅槃像外，各类装饰可按空间划分为两大部分，即顶部作为神圣空间的藻井，以及布于四周壁面的南北朝觐轴线和东西涅槃事迹。熠熠灯光之下，仿唐地宫处处金碧辉煌。

三、工程的重点及难点

1. 卧佛铜像

步入地宫，迎面所见的是卧佛铜像，佛像整体参考源于中唐时期敦煌莫高窟158窟，比例协调，姿态舒展魁梧，面容安祥（图5）。

沿着通道前行，脚下地砖、四周壁画、头顶藻井和吊顶均为铜制，恢弘大气的万千佛意从四面八方环绕而来，仿若进入佛国极乐之地（图6~图8）。

2. 铜雕壁画

地宫墙面的精美铜雕壁画，均来源于佛教

图5　卧佛铜像

故事，吸收了敦煌壁画元素（图 9~ 图 11）。

东西两侧四组主墙壁画为佛祖涅槃事迹，采用盛唐时期流行的，与舍利瘗埋制度密切相关的《大般涅槃经后分》内容予以表达。选取与释迦牟尼涅槃关系密切的四阶段内容为主题（图 12）。

四组内容在布置上取右绕模式，方便信众瞻礼。具体布置依次为：西壁南北两向设遗教品、应尽还源品；东壁北南两向设机感荼毗品、圣躯廓润品。

大梵天与帝释天列于地宫北侧，佛弟子与伎乐天列于地宫南侧；北壁中轴两侧地位尊崇，可分别设置大梵天与帝释天礼佛图像，体现盛唐佛教中以北方为尊、诸神朝觐供奉释迦牟尼的意象。

四大天王作为重要护法神祇，分设于地宫四角，以曼荼罗形式体现镇守四方、护佑正法的意向。南壁东西两向分设东方持国天王、南方增长天王（图 13）。北壁西东两向分别设置西方广目天王、北方多闻天王。西方广目天王持弓箭或戟；北方多闻天王左手捧塔、右手持棒，法相威严。

东南西北四门内侧壁面，以敦煌壁画为模板，旨在体现中唐和盛唐时期唐代四面建筑群的场景、环境和建筑艺术氛围。

图 7　吊顶，纹样参考：咸阳乾县懿德太子墓（唐中宗神龙二年 /706 年）

图 8　铜地砖，纹样参考：洛阳唐东都殿亭遗址花砖

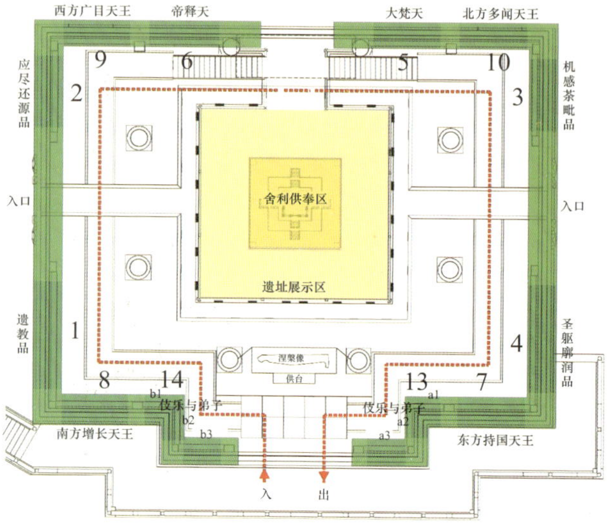

图 6　地宫游览路线

3. 舍利宝函

舍利宝函亭位居地宫中央，是典型唐式建筑风格，亭高 3.1 米，长宽各 1.4 米，台基长宽各 5.5 米。宝函亭中存放的是水晶舍利塔，珍贵非常（图 14、图 15）。

新建成的舍利宝函亭，屋顶坡度、构造特征、装饰构件等都与同期实物相符，充分体现

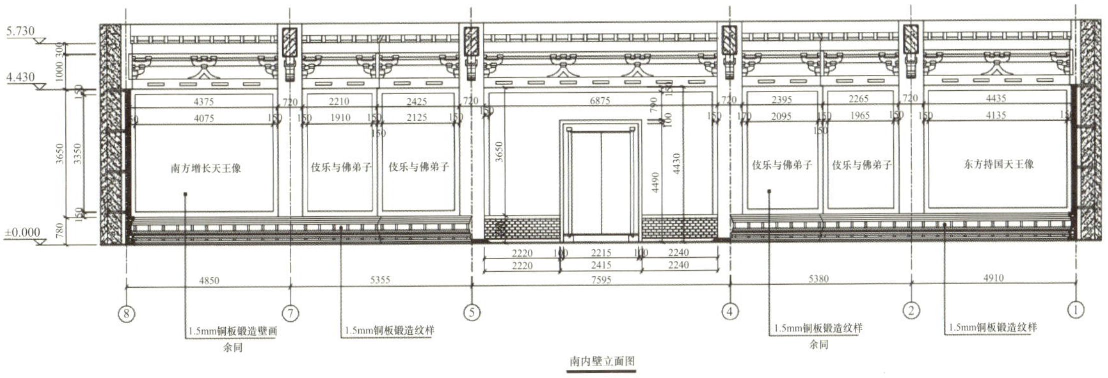

图 9　地宫壁画设计图纸

图 10　铜雕壁画——遗教品

出檐深远、翼角起翘等唐代建筑特征。

勾阑华版做团花纹、雁齿版下部构件做卷草纹，经典美观，并参考同期实物在雁齿版上匹配宝珠。柱身匹配菱形宝石，布局舒朗，与雁齿版宝珠形成匹配关系。

宝函亭须弥座主体参考南禅寺大殿须弥座，纹饰基于卷草、莲瓣、团花装饰。

4. 地宫顶部

仰头望去，地宫顶部是精美的铜雕壁画和藻井。莲花形状的藻井居于中央，四面为飞天造型，外有妙音鸟，呈反弹琵琶、振翅欲飞之状。妙音鸟之外，衔接着八大菩萨的艺术造型，好一派壮丽庄严的佛国气象（图 16）。

藻井位于舍利塔及地宫正上方，地位尊

图 11　壁画参考：庆山寺舍利宝帐（唐）

图 12　铜雕壁画——圣躯廓润品

图 13　南方增长天王

图 14　地宫舍利宝函

图 15　舍利宝函参考：莫高窟 23 窟（盛唐）

崇，藻井莲花花心呈轮状，与八大菩萨形成整体关联，体现须弥山及毗卢佛概念，佛法无边，庇佑大千世界。四角纹饰周边飞天背景有一定关联。四角纹饰参考唐中期藻井调整为团花（图 17、图 18）。

藻井外侧四块斜板设置飞天作为衬托，背景以云纹为主体。飞天外侧为过渡空间，与飞天匹配，以妙音鸟与唐草相结合。飞天和妙音鸟及其差异化的背景处理，使二者之间既有关联，又无重复，更显生动（图 19）。

地宫顶部外部区域，以表现供养、随侍为主。八块斜板分设密教八大菩萨（视构图增配随侍），与中央佛国世界和下部佛祖舍利形成呼应关系，同时体现显密融合的武周至开元时期信仰特征（图 20）。

图 16　地宫顶部

图 17　藻井八叶莲花

图 18　藻井八叶莲花样式参考：莫高窟 201 窟（中唐）

四、新技术、新材料、新工艺的应用

1. 新技术、新工艺的应用

太原龙泉寺铜地宫所涉及的壁画数量多，体量巨大，且锻造浮雕壁画涉及人物众多，面部轮廓细节很多，工艺要求非常高。为了解决这一难点，采用了深层叠镶浮雕锻打技艺。传统的浮雕锻打技艺，是将锻打好的浮雕背部采用塑像膏灌实，再用小錾子敲打浮雕的细部造型，逐步深入细节刻画，从整体到局部，再由局部到整体。与深层叠镶锻打之前相比，增加了多重叠镶工艺，通过不断调整浮雕的主次关系和形体结构，使其挺拔有力、结构清晰、轮廓形象惟妙惟肖。

2. 新材料的应用

铜是一种举世公认的绿色金属，铜材料废弃，回收利用率近乎 100%，对生态环境几乎不构成任何污染。本项目使用铜材料，大幅度提升了绿色环保材料的应用。

五、结语

当人们怀着一分虔诚两分好奇三分探古的心情瞻仰这座千年的塔基，同时感受盛唐时代宗教艺术的伟大成就，遥想晋阳古城曾经的富足繁荣，仿佛亲历一般，实在是美好的人生际遇。

图 19　四方飞天和妙音鸟

图 20　八方菩萨

信丰县桃江湿地公园（城南物流园段）岸线综合整治修复工程

——天堂鸟建设集团有限公司

HISTORIC BUILDING GARDEN

设计单位：中南建筑设计院股份有限公司

施工单位：天堂鸟建设集团有限公司

工程地点：江西省赣州市信丰县

项目工期：2018年6月30日—2020年4月23日

建设规模：占地面积40.24万平方米，绿化面积29.37万平方米

工程造价：2.22亿元

本文作者：揭青梅　天堂鸟建设集团有限公司　工程师

王　俊　天堂鸟建设集团有限公司　工程师

图1　桃江湿地公园鸟瞰图

一、工程概况

信丰县桃江湿地公园（城南物流园段）岸线综合整治修复工程位于中国脐橙之乡信丰县。

公园以“一河三带四区多节点”为基本框架，以桃江河为主轴，以海绵城市、自然生态修复为创新理念修建。沿河道横向分成三个景观带，分别为滨水体验带，文化休闲带和沿堤景观带；纵向分为四大板块，依次为生态科普板块、休闲体验板块、艺术运动板块、儿童娱乐板块。形成了“桃江悠悠无限景，一江行尽景不同”的丰富景致。

项目建设主要内容涵盖绿化工程、路基土石方工程、给排水工程、道路工程、交通工程、照明工程、智能化工程、园建工程，并修建了冬泳基地、游客服务中心、公共厕所，进行了生态湿地修复等（图 1~ 图 22）。

图 3　风筝草坪

图 4　几字形广场

图 2　荻海絮语

图 5　运动休闲区

图 6　落羽青竿间，阳光洒下斑驳

图 7　原有林相改造

图 8　雨水花园

图 9　乔、灌木搭配种植

图 10　植物组团

图 11　花境中的置石

图 12　驳岸漫步道

图 13　采用干挂工艺施工的公厕

图 14　冬泳基地

图 15　游客服务中心

图 16　橙意广场

图 17　儿童游乐区

图 18　网红滑梯

图 19　复壮后的千年古榕树

图 20　入夏银杏枝头茂

图 21　阳光大草坪中的卡座

图 22　点线面的结合

二、工程理念

本项目主要体现了八大特色：借鉴自然生态造园，体现自然环保理念；注重海绵城市系统技术在项目中使用，充分实现项目的生态性、共生性；智慧园林的应用；专利技术的运用；植物配置丰富多样，追求类植物园风格；精致小品，特色建筑让湿地公园锦上添花；硬质景观厚重适用；植物种植、养护精细化。

（1）海绵城市系统技术在项目中用于自然生态保护和修复。

（2）选用了大量当地矿山废弃的大块片石作为固基护坡的主要材料，把当地脐橙渣、油茶枯饼、花生枯饼等生态有机肥作为主要绿化基肥。

（3）首次将蓝花楹、小叶榄仁等热带植物引种至赣南地区；种植清香木、竹柏等具有驱蚊效果的植物。对原始的樟树林、生态林进行保护，对千年古榕树进行复壮。

（4）安装了智慧安防视频监控、智慧灯杆、太阳能庭院灯，将智慧型园林体现得淋漓尽致。

（5）运用了“一种园林用土壤翻松装置”和“一种高效率自动智能灌溉系统”专利。

三、工程的重点、难点和特点

（1）三公里的驳岸处理和生态林保护是重点。

按规划设计，滨水有一条 2.5 米宽的园路，为将漫步道与自然环境完美结合，施工时选用了大量当地矿山废弃的大块片石作为固基护坡的主要材料，漫步道外侧堆砌了第一道固基片石，漫步道内侧为土坡，土坡下也用大块片石植入护坡。土坡上方是沿江防护林带，原本存在水土流失较严重的问题，项目种植麦冬等耐荫植被后，增强了土壤的防冲效果，林带经受住了 2020 年夏季的洪水洗礼。

（2）海绵城市系统技术在项目中使用。

结合原有的地形地貌，通过水渠、湿地、洼地等绿色海绵体系，收集和净化周边城市的雨水，解决城市雨洪安全，打造了 12000 多平方米拟自然的雨水花园。施工中充分利用透水硬装材料、生态植草沟、下凹式绿地等手段过滤收集自然雨水，把地面排水、地下管渠收集的雨水汇集至水系洼地。水系采用鹅卵石打底、土工布覆盖、黏土夯实种植水生植物的施工工艺，对收集的雨水进行二次过滤，净化的水质能够达到景观环境用水的再生水质标准，使得公园内雨水回收与利用率达到 90% 以上。

（3）植物配置丰富多样，追求类植物园风格。

首次将蓝花楹、小叶榄仁等热带植物引种至赣南地区，采用背风向阳种植、冬季喷洒防冻液的方式，成功度过摄氏零下三度的寒冷天气。通过种植清香木、竹柏等具有驱蚊效果的植物，赋予游人一个免遭蚊虫叮咬的夏夜。

在原有几十种植物的基础上，新植了 109 种乔木、71 种灌木和地被，特别是彩叶树种和开花植物被大量运用，力求植物多样性。经梳理后的樟树林，步道逶迤，引人入胜；复壮后的千年古榕树，重复生机，枝叶葱笼。植物栽植上采用了近自然群落式种植，营造出春有百花秋有叶、夏有凉风冬有雪的诗情画意。来到湿地公园，仿佛进入了“虽由人作，宛自天成”的境界。

（4）精致小品，特色建筑。

气势恢宏的游客中心、冬泳基地、构筑物、卡座景亭、橙意廊架、花瓣廊架得到了完美的呈现。篮球场和网球场采用了硅 PU 材料和复合型 EPDM 彩色颗粒，结合周边自然组团式种植的运用，营造成自然生态式运动和休憩场所。

（5）硬质景观厚重适用。

自行车道和慢行系统采用了彩色透水砖、彩色透水混凝土材料，广场铺装选材厚重、铺贴精细；选自当地的大块青石，或沿溪置放，或散置花丛，形成古朴自然的景观效果。

四、新技术、新材料、新工艺的应用

1. 新技术的应用

（1）园林土方工程场地平整期采用了专利“一种园林用土壤翻松装置”（专利号 ZL 201721285675.0），大大提高了工作效率，减轻了工作人员的劳动强度，降低了工程造价。

（2）苗木种植期及养护期，采用了专利“一种高效率自动智能灌溉系统”（专利号 ZL201710586696.4），实现了苗木种植和养护的精细化管理，减少绿化养护用水，节约水资源，并能保证水分及时供给。

（3）古树复壮。首先对榕树进行灌水、松土、施肥，其次开设盲沟排除积水，同时对树洞和破损树皮进行防腐化处理，并在古树根系范围内埋设通气管，便于浇水、施肥及灌药，以改善土壤透气性和肥水条件。经复壮后，大榕树枝繁叶茂、生机勃勃、充满活力，吸引着众多游客慕名而来。

（4）工程运用银杏树低温处理、生态有机培育及植物引种驯化等新技术。

2. 新工艺的应用

（1）水系采用鹅卵石打底，土工布覆盖、黏土夯实种植水生植物的施工工艺，雨水进行收集和二次过滤。净化的水质可以达到景观环境用水的再生水质标准，使得公园内雨水回收与利用率达到 90% 以上。

（2）铺装石材通常采用水泥砂浆铺贴法，在安装期间板块会出现类似水印一样的斑块，甚至泛碱。因此本项目施工中，重要部位的墙面石材和铺装石材采用了胶贴和干挂的施工工艺。干挂工艺铺贴时，基层使用钢骨架，再用不锈钢挂件将其与石材连接施工，有效地避免了泛碱现象，提高了装饰质量和整体美观效果。

3. 新材料的应用

（1）新型材料硅 PU 材料和复合型 EPDM 彩色颗粒。

在运动休闲区和儿童游乐区大量运用了新型材料硅 PU 材料和复合型 EPDM 彩色颗粒。硅 PU 材料具有易施工、易维护、耐磨性的特点。复合型 EPDM 彩色颗粒具有适当的弹性，卓越的耐磨性能，优良的抗老化及耐酸雨、耐湿热、抗臭氧、抗紫外线功能的特点，且维护简便，色彩美观。

（2）彩色透水砖、彩色透水混凝土的使用。

自行车道、慢行系统采用了彩色透水砖、彩色透水混凝土等材料，具有高透水性、高承载力、装饰效果好、易维护等特性。

（3）运用钢材打造卡座景亭、橙意廊架、花瓣廊架等小品。

4. 其他新工艺、新材料的应用

（1）利用水系自然净化、张拉膜工艺等新工艺。

（2）植物养护管理中应用“植根源”“ABT-3 生根粉”和“保水剂”等绿化新材料提升植物成活率。

（3）利用当地矿山废弃的大块片石、青石、脐橙渣、油茶枯饼、花生枯饼等新材料。

（4）在园区内巧用耐候钢、铺地碎块石等，丰富园区景观，营造优美环境，节省工程成本。

2020—2021年公共绿地管养项目（深南大道段）

——深圳市绿奥环境建设有限公司

施工单位：深圳市绿奥环境建设有限公司
工程地点：广东省深圳市深南大道
项目工期：2020年1月1日—2021年12月31日
建设规模：131.86万平方米
工程造价：2439.81万元

本文作者：刘春辉　深圳市绿奥环境建设有限公司　工程师、项目经理
阵晓文　深圳市绿奥环境建设有限公司　工程师、技术负责人
肖海珍　深圳市绿奥环境建设有限公司　工程师、园林工程师

图1　辅道社区公园1

一、工程概况

2020—2021 年公共绿地管养项目（深南大道段）管养绿地面积 123.90 万平方米以及 7.96 万平方米待恢复接管面积，其中特级绿地（街心公园、广场）281768.50 平方米、一级绿地 161582.23 平方米、二级绿地（含垂直绿化）763660.20 平方米、三级绿地 32024 平方米、一级行道树 6332 株、二级行道树 1958 株（各级别绿地的面积将会有所调整，具体以绿化管理处确认的数据为准）。具体养护内容包括草坪、灌木、乔木、垂直绿化、绿化设施（包括卫生设施、喷灌系统、喷泉、水体、护栏、园林建筑及小品、园道、宣传牌、绿地铺装、花基、护树设施及灯光设施、监控设施等）（图 1~ 图 20）。

图 2　辅道社区公园 2

图 3　辅道社区公园 3

图 4　辅道社区公园 4

图 5　辅道社区公园 5

图 6　辅道社区公园 6

图 7　辅道社区公园 7

图8　辅道社区公园8

图9　中间绿化带1

图10　中间绿化带2

图11　中间绿化带3

图12　中间绿化带4

图13　中间绿化带景点1

图 14　中间绿化带景点 2

图 15　中间绿化带景点 3

图 16　中间绿化带景点 4

图 17　中间绿化带景点 5

图 18　中间绿化带景点 6

图 19　中间绿化带景点 7

二、工程的重点、难点和特色

1. 工程的重点

（1）整改工作

对普遍存在绿篱带缺失断层、落叶多、苗木生长不良、零星黄土裸露较多、人为踩踏土壤板结情况的东段绿地如黄贝岭段、新洲立交至皇岗立交路段进行重点整改提升。

对重点景观节点如市委大门入口两侧、市民中心前方的水晶岛的黄土裸露、植物杂乱明显，棕榈科植物及榕树虫害严重地方进行重点整改。对于属于特级绿地的社区公园的管养进行全面提升。

对于以行道树、花钵、树池、渠化岛为主的皇岗立交至黄贝岭路段绿地，树穴黄土裸露、地被植物缺株严重，花钵植物存在干旱、倒伏的问题进行重点整改。

（2）保证特级、一级绿地的管养效果

通过精细化的养护管理，保证深南大道以中间带草坪、花坛和 5 处社区公园等为代表的 281768.50 平方米、即 69 个特级绿地样点的养护质量符合特级绿地管养要求。

通过精细化的养护管理，保证以分车带小叶榄仁为代表的 6332 株一级行道树、161582.23 平方米，即 57 个样点的一级绿地养护质量符合一级绿地的管养要求。

2. 工程的难点

深南大道面积大、路段长、交通繁忙，给养护作业造成一定的安全隐患，做到安全作业，抓好安全生产，杜绝死亡、重伤事故，减少轻微安全事故发生是本工程的难点。

杜绝因人流量大、行走不规范的踩踏导致苗木被破坏、绿地黄土裸露是本工程的难点。

因深南大道绿化落叶量大、持续时间较长，要做到清理落叶不留死角，完全达到日常检查、专项检查对该项的要求也是本工程的难点。

图 20　中间绿化带景点 8

3. 工程的特色

公司投入了多种实用新型的发明到养护工作中，比如“一种新型使用污泥生产有机肥料的设备”生产的无毒、高效有机肥料；“一种园林树木支架”美观、耐用、稳固；“一种环保型防撞护栏”方便安全占道作业。这些新型的发明和应用提高了养护作业水平和效果。

公司投入了大量先进、环保的作业机械，比如电动洒水车、电动大型车载绿篱修剪机、电动剪草机、电动绿篱机、电动吹叶机、电动喷雾打药机等，既提高了机械化作业水平，又减轻了工人的操作负担，而且节能环保。

建立了一支专业化、高效、精干的修剪班组，该作业班组对于草坪、地被、开花乔灌木的修剪实现标准化、整齐化、美观化；对于行道树、乔木的下缘线和防台风修剪实现及时化、精细化。

建立了一支富有经验、懂管理、善于沟通、人员资格符合要求的专业项目管理团队，打造一支高效的、执行力强的作业队伍，公司层面全面保障项目对各种资源的需求，是公司取得好成绩、好评价的根本保证。坚持付出终有回报的经营理念和勇于担当、乐于奉献的情怀，注重细节、真抓实干是本工程的管理特色。

三、新技术、新材料、新工艺的应用

1. 老化草坪的治理方面

深南大道草坪绿地主要为台湾草、大叶油草两个品种，中间带都为台湾草，分车带逐步更换为大叶油草，两侧绿地两者都有。草坪有半年内更换的、两年内更换的、三年以上更换的，针对不同的草坪采用侧重不同的管养措施。目前，针对三年以上的老化草坪采用不同的管养手段提升草坪的生长效率，采用打孔铺沙新施基肥的新技术措施，喷洒利于草坪复绿并能除杂草的新型有机药物等新材料，提高了草坪的景观效果，获得了监管方的好评。

2. 行道树（小叶榄仁）的施肥方面

深南大道中段分车带的行道树小叶榄仁，最近几年因小叶榄仁树根密集，下方土壤情况不明都未进行施肥。公司主要是采取穴施或者埋管施肥的方式。对于土壤情况不好的采取埋管施肥的新技术、新工艺，实践证明其长效性和后期的利用率更高。

3. 环保新型药剂的使用

公司在行道树扁桃开花初期喷施了可拟制花粉授粉和坐果的毒性低的新型药剂，控制并极大地减少了结果量，既减少了安全隐患，又减轻了工人后期打果的作业强度。

为减少木棉花落果时产生大量飘絮影响环境卫生和市民投诉问题，公司在木棉花开花中后期，对其花蕾喷施拟制药物并用高压水枪冲落花朵，减少了后期落果的飘絮量，获得市民的好评。

4. “数字化园林绿化养护综合管理系统”的应用

公司自主研发的“数字化园林绿化养护综合管理系统”在本项目进行试点，不断改进和提高其实用性和智能化，让养护管理更加科学，并已开始发明专利申报工作。

武汉华侨城东湖绿道二期（D2、D3、水杉林地块）绿化工程

——武汉农尚环境股份有限公司

HISTORIC BUILDING GARDEN

设计单位：四川景度环境设计有限公司

施工单位：武汉农尚环境股份有限公司

工程地点：湖北省武汉市武昌区欢乐大道

项目工期：2017年10月18日—2017年12月26日

建设规模：64502.70平方米

工程造价：1208.52万元

本文作者：蔡栋捷　武汉农尚环境股份有限公司　项目负责人

华鹏飞　武汉农尚环境股份有限公司　成本负责人

余　练　武汉农尚环境股份有限公司　技术负责人

图1　桥头景观

一、工程概况

武汉华侨城东湖绿道二期（D2、D3、水杉林地块）绿化工程位于武昌欢乐大道，是2017年武汉市东湖绿道二期建设的重要组成部分。该项目由武汉华侨城实业发展有限公司投资建设，四川景度环境设计有限公司设计，武汉农尚环境股份有限公司承建完成，合同造价约1208.52万元，项目总面积64502.70平方米。该项目以绿化工程为主，绿道主线乔木种植4007株，地被以及水生植物栽植面积64502.70平方米，其中草坪采用黑麦草、高羊茅混播种植，面积20166.50平方米；水杉林地块乔木种植109株，地被及水生植物栽植面积15370.40平方米，其中草坪采用果岭草，面积2603.70平方米（图1~图19）。

武汉农尚环境股份有限公司承建的武汉华侨城东湖绿道二期（D2、D3、水杉林地块）绿化工程，施工内容主要有绿地整理清杂、土壤改良、地形营造、乔灌木移栽、现场乔灌木种植、水生植物种植、时令花卉种植、草坪铺植、绿化养护等。绿道全线充分利用对原有大树的保护，在植物配置上通过乔、灌、地被、草的综合搭配，营造休闲步道与滨湖景观的和谐统一，达到良好的视觉效果，在郊野道沿途设置了亲水场所、林中栈道等，营造走进森林、漫步自然的生态环境。

图2　绿道1

图3　绿道2

图4　特型大树

图5　休闲步道1

图 6　绿化搭配

图 7　滨湖

图 8　沿湖地被

图 9　常绿地被

图 10　景石

图 11　人行步道 1

图 12　人行步道 2

图 13　人行步道入口

图 14　人行步道与绿道交界

图 15　沿湖绿化搭配

图 16　绿化层次搭配

二、工程的重点及难点

由于本工程属于重点市政配套工程，施工区域沿绿道两侧进行，须根据现场市政管网及工作面交接时间，设定 3 个分区同时组织劳动力、主要材料和机械设备的进场，做到工序合理，确保施工质量和总体施工进度。为确保项目部在施工进程中得以顺畅推进，公司合理配备了专业素质齐全及施工技术优秀的施工班组进行施工作业，进而顺利地完成了以下重点、难点工程。

1. 反季节树木移植

该工程时间短、任务重，工期主要为秋冬两季，施工中既要做好常绿植物冬

图 17 休闲步道 2

图 18　绿道景观

图 19　林荫绿道

季防冻等低温反季节施工措施，也要对种植部分易受冻的苗木采取草绳缠干、覆膜等保暖措施。针对这一问题，公司采用自主研发的专利技术“一种用于移植大树的根部的冬季保温装置”（专利号：ZL201220429389.8），通过采用人造草皮与塑料泡沫板、化纤丝网格布组合在一起，人造草皮采用树脂胶黏结于塑料泡沫板的上面，塑料泡沫板的下面采用树脂胶黏结化纤丝网格布，以锁住树木的水分和湿度，确保树木有足够的水分和保温，从而保证树木成活率。

2. 噪声、粉尘、光线污染、文明施工和环境保护

工程施工区域位于城市风景区与配套建设

单位住宅区旁，且由于工期原因交叉施工情况较为严重，现场市政、园建铺装与绿化施工在三个施工区域同时进行。如何切实做好施工期间噪声、粉尘、光线污染及文明施工、环境保护工作是项目管理中的重点。

进场施工前，依据相关规定和项目周边环境特点，制定符合规定和项目实际特点的文明施工、环保管理制度，对参建各方主体进行交底、宣传和教育；施工时，安全员除日常作业外，严格监督其施工行为，每周、每月定期组织和参加业主的专项现场巡查，对有违反规定的行为进行整改和严厉处罚，并对其不良行为进行内部评分，评分连续三个月排名倒数10%的班组直接进行项目清退并不再选用。通过以上相关措施确保项目文明施工，做好环境保护工作，减小施工活动尤其是夜间施工对周围的影响。

3. 苗木种植土改良

项目所在沿原湖岸线原有土层，受水位影响含水量较高，雨水冲刷导致肥力与有机质不足。绿化现场施工前，对原土按照2000平方米一组选点进行专项土壤检测，根据检测结果，对土壤针对性采取原土与客土混合配比、掺沙、施复合肥、安置排水暗管等不同形式的改良措施。这些改良措施使土壤条件得以改善，提升了肥力，保障了植物尤其是苗圃移栽苗木的生根、成活越冬和次年的萌发。

三、新技术、新材料、新工艺的应用

1. 园林景观施工采用的新技术

本项目位于东湖边临湖区域，地下水位较高，局部积水排水困难易导致苗木长势不良甚至死亡。针对现有技术不足，该工程的园林植物的栽植与养护中融合使用了包括“一种用于土壤改良的排水装置（专利号：ZL201220409189.6）”、“一种滨水带水体净化系统”（专利号：ZL201720186501.2）等技术，确保了苗木成活率和最终的成景效果。

2. 园林景观中新材料的运用

（1）保水剂。保水剂的主要作用是减少水的流失，提高植被的成活率，保证植被幼苗根部的存水量，从而提高幼苗的成活率。使用保水剂后可以减少植被的浇水次数，既达到了应有的绿化效果，又变相地降低了水资源的浪费，节省了养护费用。保水剂也有节省肥料和药剂的效果，可以把肥料和药剂掺到保水剂中，达到供水施肥和药剂使用均衡的效果，减少肥料和药剂的流失，实现了节肥省药。保水剂的特点是成本低，效果显著，绿化见效快，用途广泛。

（2）抗蒸腾防护剂。抗蒸腾防护剂主要使用于养护期的夏季，在持续干旱和高温的情况下，稀释抗蒸腾防护剂喷洒到植物叶片上，在植被表面形成一层保护膜，减少水分的蒸发，保证植被的正常呼吸，提高植物成活率，有效地减少干旱对植被造成的伤害，也可以在防护剂中掺入杀虫剂、杀菌剂等药剂，双管齐下，既可以减少水分的蒸发，又可以防止病虫害。

（3）塑料盲沟和透水软管。由于临水区域水位较高，为避免长期积水，现场施工地下主要采用塑料盲沟和透水软管。塑料盲沟是以合成树脂作为原材料，在热熔的状态下挤压出的塑料丝条，有长方形和圆形，具有集水性强、排水性好、施工简单方便等特点，因此受到广泛使用，同时塑料盲沟回复性较好，压力减轻后还可以恢复原状，广泛应用于排水系统工程。透水软管是一种新型管材，它有一定的耐压能力，对于普通的地质都可以使用透水软管接入排水管网，加强地被及乔木区域地下水的排水速度。

3. 园林养护过程中的新工艺

本工程在园林养护中采用了很多新工艺，包括无纺布、移栽大树降温微喷系统等。

无纺布主要用于树木的养护方面，无纺布质量轻，价格便宜，保暖性能、吸水后保水及稀释效果都较好，用无纺布代替之前的麻绳，这样既降低了成本又增加了树木的美观效果，提高了树木成活率。

移栽大树降温微喷系统主要是为了保护植物蒸腾作用较强的过程中对移植大树充分的水分供给，减少损失，降低树木温度，提高移植大树的成活率。

四、结语

武汉华侨城东湖绿道二期（D2、D3、水杉林地块）绿化工程在合理考虑平面种植的疏密和轮廓线的前提下，保留原状部分大树，同时运用常绿与落叶丰富多彩的植物进行多层次配置，精湛的施工技术将绿色引入道路空间，形成花叶相印、层次丰富、尺度适宜、景观有序的城市绿道景观，成为武汉一道亮丽的风景线。

舟山普陀山观音法界圣坛铜装饰工程

——杭州金星铜工程有限公司

设计单位：华东建筑设计研究院

施工单位：杭州金星铜工程有限公司

工程地点：浙江省舟山市普陀区香莲路（朱家尖）

项目工期：2014 年 10 月 23 日—2020 年 10 月 12 日

建设规模：规划面积为 2500 亩，总建筑体量 28 万平方米

本文作者：朱军岷　杭州金星铜工程有限公司　董事长

傅春燕　杭州金星铜工程有限公司　副总裁

图 1　观音法界

一、工程概况

普陀山观音法界位于东海之滨，浙江省舟山群岛朱家尖白山山麓，规划面积为2500亩，总建筑体量达28万平方米（图1）。

2020年11月14日，普陀山观音文化园在观音法界正式开园。观音法界按照“举世无双、流芳百世”的建设目标来打造，是一个以观音文化为主题，集艺术展示、教学研究、国际交流以及文化展示功能于一体的大型文化主题博览园，是展示世界一流佛教文化圣地普陀山的又一标志性亮点，也是一个以观音文化为主题的佛教生态园林，将成为僧俗共修、展示中国佛教发展潮流与方向的精神家园。观音法界通过建筑、园林、文物等多角度、全方位展现佛教文化内涵及文化审美，又与普陀山隔海相望。

作为观音法界的建筑地标和文化地标，观音圣坛是以观音为原型的佛教建筑，规模体量巨大的佛教文化综合项目和四众弟子教化基地，以及将佛教造像原型作为建筑形态意象的佛教建筑。

观音设计灵感来源于普陀山普济寺所供奉的毗卢观音：背光寓意佛光普射四方，头戴五瓣毗卢冠，每瓣一化佛，正中毗卢遮那佛，即为大日如来（图2、图3）。

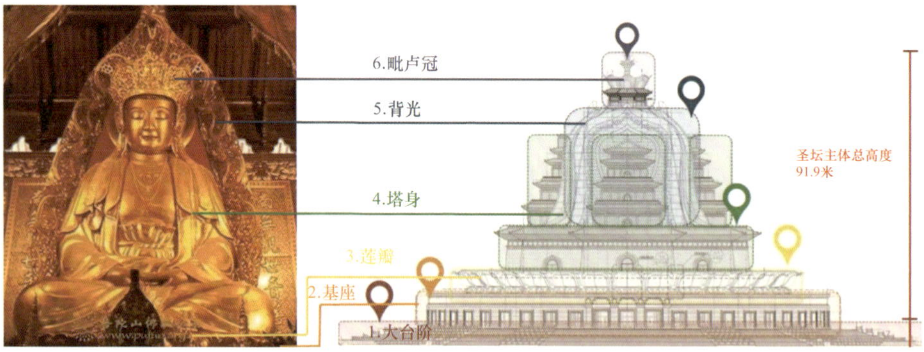

图2　“观音即圣坛”设计创意

图3　观音法界圣坛

近年来，杭州金星铜工程有限公司（以下简称“金星铜工程”）潜心钻研宗教、文化建筑装饰，从二十年前的杭州雷峰塔开启了铜文化建筑的专业化道路，随后完成峨眉山金顶铜殿、无锡灵山梵宫、九华山大愿文化园、太原太山景区龙泉寺、洛阳天堂应天门等一系列精品工程。金星铜工程于 2016 年加入法界建设，历经四年，孜孜以求，将现代材料、加工工艺与中国古代建筑文化、宗教文化相融合，助力打造出现代佛教建筑典范，匠心独运，完美再造百年传世之作。

由于篇幅有限，本文仅呈现法界圣坛主体及室内圆通大厅的铜装饰工程营造。

二、工程理念

1. 观音圣坛——“圣坛即观音”

观音圣坛形态恰如毗卢观音结跏趺坐于多层莲座之上，体现着“圣坛即观音”的理念。

圣坛体现的观音文化不仅仅止于形态。圣坛整体结构为“一主两从”品字形建筑群，圣坛主体建筑占地面积 55 亩（约 3.7 万平方米），建筑高度达到 91.9 米 (观音出家日为九月十九)，建筑总体量 61900 平方米 (观音得道日为六月十九)，按其内部功能分为 9 层。圣坛建筑直径 150 米，圣坛广场直径为 219 米（观音生日为二月十九），圣坛中轴线纵深为 619 米。

圣坛附属楼龙女（善财）楼（图 4）高度为 33 米（象征观音三十三化身），分为三层，每层建筑体量均为 3000 平方米。

圣坛基座柱廊 48 扇门（图 5）寓意阿弥陀佛四十八大愿。装饰纹样设计采用接圆式如意莲花纹，寓意着圣洁、崇高与吉祥，尽展观音圣坛的庄严。

圣坛入口大门由全铜打造，铜门高度达到 6.3 米，主要画面创作素材取自大鹏金翅鸟，单樘门质量接近 2 吨（图 6~ 图 8）。

经过杭州金星铜设计师的数易其稿，铜门达到了宗教元素和装饰装修的完美结合。铜门采用锻铸结合的工艺，层次鲜明飘逸，线条流畅优雅，极富动感。

图 4　龙女（善财）楼

图 5　圣坛基座柱廊 48 扇门

图 6　圣坛主入口铜门

图 7　大鹏金翅鸟铜门

2. 圆通大厅——“观音纳须弥”

观音圣坛室内设计，遵循将观音文化、艺术追求、文旅会场需要统一的佛教文化场所的理念。

圣坛中庭空间首次提出以佛教“须弥山”作为内部空间形态结构，体现“观音纳须弥”的精神本质，塑造出一个空灵圣洁的须弥山形象，充分营造圣坛的神圣氛围和恢宏气势（图 9）。在表现手法上综合性地利用声光电技术，结合空间艺术、佛教艺术和材料工艺技术，着重体现观音文化的纯、白、清、静，力图营造一个纯白唯美的现代佛教艺术空间。

图 8　大鹏金翅鸟铜门设计演化

图 9 “须弥山”内部空间

图 10 九龙门系统

图 11 二十四樘九龙门之一

图 12 九龙门水墨细节

图 13 朱炳仁、朱军岷在进行九龙门艺术创作

图 14　种子字云盘，刻着观音菩萨种子字

图 17　BIM 技术实现愿门设计

图 15　圆通大厅“观音纳须弥”

图 18　愿门设计稿

图 16　24 组愿门系统

图 19　愿门细节

图 20　须弥座

图 21　观音法界

从大门步入，进入圣坛一层，漫眼的白色通体生辉，目之所及无不精美至善。铜的璀璨与汉白玉的细腻相互碰撞，让整个空间共生融合，给予游客视觉上的强烈冲击感。

三、工程的重点及难点

圣坛一层创新性地采用“九龙门”系统（图 10）。九龙门，以南宋名家陈容的《九龙图》为蓝本，龙为神物，九为至尊，取龙在险山云雾和湍急的潮水之中的各种姿态，通过龙、山、石、水、气等，虚实相映、动静结合，抒写出“天体云气生生流转”的波涛洪水汹涌的画面，与观音圣坛须弥山主题相契合。

九龙门高 5.4 米，宽 3.5 米。九龙门门芯为超大防火门芯，饰面为 10mm 厚的铸铜，九龙门单扇仅铜饰面质量就达到了 450 公斤，各项规格远远超过了标准的防火门（图 11）。

为了完美表达《九龙图》的艺术美感，铜门在工艺上应用水墨画的精神内涵来处理雕塑的立体关系，创造性地以水墨画风格将铸铜呈现在铜门上（图 12）。

通过艺术表达，将中国水墨画中的虚实结合云雾缭绕的感觉体现得淋漓尽致，完美兼容艺术性，又满足铜门的功能性要求（图 13~图 14）。

超高铜门让人产生肃穆、敬畏之感，展现出佛法浩瀚无边、重重无碍的境界。

圆通大厅高 23.7 米、跨度 60 米，剖面曲率 29 种、镂空网格 15 种，是世界上鲜有的大空间、斜交网桥、镂空体混凝土结构（图 15）。

圆通大厅由 24 组愿门系统、216 组佛像系统、鳌鱼地铺和千手观音组成。每组愿门系统的艺术构件材质为黄铜、汉白玉及琉璃，均重达 15 吨（图 16）。

愿门高度达到 6.2 米，宽度达到 5.66 米。愿门整体由两棵菩提树连接而成，展示了菩提开花、生长、结果的过程，与圣坛设计主题不谋而合，为“从花到果的修行之路”——是一个人从开始修行到正觉，再到涅槃，一个开花结果的过程（图 17~图 19）。

秉着对于观音文化的尊重和理解，愿门装饰纹样设计采撷妙音鸟、瓔珞等鲜明色彩的元素贯穿于其中，寓意着圣洁、崇高与吉祥，来体现大厅的庄严与神圣感。

铜制须弥座（图 20），束腰上的圆熟精细的卷草纹样构图，形成了一种连绵不断、轮回永生的象征含义。

铜门的建造，采用了 3D 建模和 BIM 技术，以及失蜡铸造、錾铜、独创的彩色铜艺等技艺精心打造，勾勒出鳞次栉比、柔美精致而又立体动感的纹饰，将材质美、工艺美以及文化美融于一身。

四、新技术、新材料、新工艺的应用

1. 新技术与新工艺的应用

铜是一种举世公认的绿色金属，铜材料废弃后，回收利用率近乎100%，对生态环境几乎不构成任何污染。本项目使用铜材料，大幅度提升了绿色环保材料的应用。

2. 新材料的应用

（1）超大超重防火门与铸铜饰面相结合工艺在工程中的应用

观音法界项目所应用的九龙门系统，采用了超大超重防火门与铸铜饰面相结合工艺。九龙门门芯为超大防火门芯，饰面为10mm厚的铸铜，九龙门单扇仅铜饰面就达450公斤，尺寸远远超过了标准的防火门尺寸，对五金的要求也极高。

（2）超大超重防火门铜饰面锻铸结合工艺的应用

法界圣坛主入口的三樘铜门由全铜打造，为了完美呈现宗教元素和装饰装修的融合，杭州金星铜在超大超重防火门上采用锻铸结合的工艺，层次鲜明飘逸，线条流畅优雅，极富动感。

（3）铜的热着色工艺在大型工程项目的应用

铜的热着色工艺即采用高温加热的方式，使着色液在高温下与铜器发生物理以及化学的反应，可以呈现晶莹剔透、色泽鲜艳的多种颜色效果，多应用于铜制工艺品。观音法界是铜的热着色工艺在大型工程项目中的首次应用。愿门首次将热着色工艺大规模应用到了铜门制作中，与传统工艺相比，热着色使其流露的颜色更加自然，细看更显意蕴绵长。高端的技艺加持，提升了愿门的艺术、文化和人文层面的价值。

五、结语

目前，观音文化园已正式开园，慕名而来的游客在感慨文化建筑的独特魅力时，更能从每一个细节深刻体会设计师和项目人员的倾力付出。当游客沿中轴线步入圣坛，漫步进入大殿，通过建筑的呈现，逐渐营造人出游览心理变化的过程（图21）。游客在门口还只是期待与敬仰，进入中心，便有一种直击内心深处的震撼。

金星铜工程的匠人打磨四载，无论是圆通大厅还是佛殿、正法光明阁，亦或是游客到达的任意一个地方，无人不会惊愕于这座21世纪宗教建筑的超俗之美。

永丰县恩江古城保护建设项目 EPC 工程

——金庐生态建设有限公司

设计单位：浙江大学城乡规划设计研究院有限公司
施工单位：金庐生态建设有限公司
工程地点：江西省吉安市永丰县县城下西坊区域
项目工期：2018 年 9 月 30 日—2020 年 10 月 30 日
建设规模：总占地面积约 39 公顷，绿化面积 2 万平方米，新建仿古建筑面积 29214 平方米，仿古立面改造 4 万平方米。
工程造价：3 亿元
本文作者：袁　强　金庐生态建设有限公司　副总经理
石苏波　浙江大学城乡规划设计研究院有限公司建筑一分院　副院长

图 1　古城夜景鸟瞰

图 2　仿古新街灯光夜景

图 3　建筑与景观融为一体彰显江南水乡气息

一、工程概况

永丰县恩江古城保护建设项目 EPC 工程（一期）位于江西省吉安市永丰县。主要建设范围为永丰县老城区下西坊及其周边，项目临近恩江河畔，双江河穿过老城。项目建设包括新建下西坊新街、游客中心、地下车库、旅游便桥等，还包括永叔路、跃进路建筑立面改造、状元府及双江周边环境景观、街区亮化、道路改造提升、智慧化旅游、给排水等市政配套（图 1~ 图 21）。

在依托水运的年代，恩江古城商贾云集，福建商船远送而来，妈祖庙、万寿宫见证了商贸的繁荣。这里文风鼎盛，是一代文宗欧阳修的故里，古庐陵“三千进士冠华夏”，曾经恩江书院的读书声仿佛就在昨天。这里古城格局完整，历经千年的古城墙遗址和六坊九门、内礼外商的空间脉络保存完好。但随着城市的变迁发展，新城迅速崛起，古城区域逐渐颓败。周边的高楼、小区正在改变老城的格局，雕梁画栋不再，河道淤泥堵塞，留下的只有残破的躯壳。2018 年，江西省政府批复永丰县为省级历史文化名城，下西坊街区和城内街为省级历史文化街区。为进一步完善古城格局，保护历史文化遗存，梳理传统街巷空间，永丰县委县政府决定启动恩江古城保护建设项目。

图 4　游客服务中心古建筑群灯光夜景

图 5　庭院式的建筑群落主典雅悠静

图 6　仿古建筑露台景观

图 7　夜色中的古城牌坊

图 8　镂空框景景观

二、工程理念

1. 设计理念

（1）多纬度衔续古城肌理，留存市井烟火气息。

在整体构思上，从多维度衔续古城肌理，留存烟火气，对城市文脉进行修补塑造。整个

图 9　还原赣派仿古巷道

图 10　古城特色连廊

工程以人为本，着重立意于把市井生活场景还给百姓，把生活空间还给市民，把文化传递植根于新的载体。以市井、人性诉求、生活诉求、烟火气息再现等维度作为设计的依据。

（2）取古意而不仿古，融文脉以共生。

对于临近永叔公园新建街区部分，设计时取古意而不单纯仿古。新建区域充分尊重当地文脉，同时进行创新，结合成熟的建造技术以及多样的建筑材料对建筑形式进行设计，并对未来的业态进行前期考量。下西坊新街临湖而筑，与永叔公园遥相对话。“庭院深深深几许”是欧阳修的名句，设计时以此为意向，在有限的用地内塑造了大量的露台和亭廊。这些建筑参差错落，增加街区漫游的趣味性。清风徐来，雨打芭蕉，漫步其中，畅发古之幽情。

图 11　青砖黛瓦马头墙红岩石，是庐陵建筑民居完美体现

图 12　学宫

图 13　细部藻井

图 14　独特的门罩

图 15　青砖城墙

图 16　永叔路仿古立面建筑

图 17　仿古铺地及栏杆

图 18　古城一角绿植完美结合

图 19　古桥辉映

（3）鱼骨状结构还原，市井味空间再塑。

“六坊九门，内礼外商”的空间布局是恩江古城的历史基调，从功能分区上，呈现出城内重礼重防御、外厢崇文兴商贸的城市形态。下西坊南延段因商而兴，为城内提供生活服务配套，以商业建筑为主，散布礼制建筑与文教建筑。经专家考证，下西坊区域脉络呈鱼骨状，建筑风格呈现“雕梁画栋马头墙，粉墙黛瓦坡屋顶”的庐陵建筑特色。街区整体建筑以“三街九巷”的布局方式，除有商业、展览建筑之外，还有学宫、万寿宫、恩江书院等文教建筑。

（4）现代与传统结合，古城新颜的尝试。

古城与新城需要过渡，因此游客中心的设计建造既关注本土历史建筑的迭代衔续，同时结合现代建筑语言。现有遗存的改造遵循修旧如故，存量更新。从“活态化”主题出发，提出“民俗再生”的概念，实现旧民俗＋公共活动培植＋支撑生活的生产活动三位一体的新格局，形成生活的新常态，实现下西坊老街走向活态化的目标。街区的重塑与业态的植入唤起乡愁，吸引人气。这是一个活态的历史街区博物馆，也是一个民俗生活展示馆。

2. 施工手法

（1）施工与设计紧密结合。

充分发挥 EPC 项目的优势，施工与设计紧密结合。施工过程中根据现场情况和工艺要求与设计方共同协商、优化方案，共同调研当地历史建筑构件、风格、形式，同时让采购、造价等环节全过程参与设计施工环节，实现项目从图纸到现实的完美落地。

（2）传承与创新让建筑更加充满活力。

庐陵风格建筑形式极具地方特色，入口牌坊、马头墙、冬瓜梁、斗拱等都用传统工艺进行施工。通过聘请当地老工匠，采用传统材料，寻访当地清水墙、马头墙等传统制作技艺，遵循古法，让建筑更具灵魂。同时针对街区现状建筑风格不统一的问题，利用新材料软瓷对外墙进行改造，融入 3D 打印方式制作铝合金窗花、本纹漆和防火保温材料。

（3）细节处入手，让古城更加精致。

注重单体建筑与整体的关系、新建仿古建筑与旧居的呼应、游客中心青砖景墙与铜雕映衬、景观与建筑融合等。

三、工程的重点及难点

1. 以人为本施工理念解决与现场环境矛盾

项目位于老城区和居民区，施工对居民造成的影响和材料运输等都是此次项目重点考虑的问题。在施工之初，施工、设计单位与居

图 20　林间小路

图 21　叠石台阶造景

委会多方面协调，调整施工方案，听取各方意见，减少施工对居民的影响。合理运用场地，对材料进场做到周到、细致、有序安排。

2. 仿古材料（木结构）成型与施工进度矛盾

仿古建筑木材成型是一个漫长过程，传统自然烘干做法无法适应当今项目需求，施工时从三个方面解决这个矛盾。一是从选材上进行把关，严格要求材料进场标准并进行复检；二是提高木材烘干工艺，利用现代技艺保证材料品质；三是寻访收购和利用当地现有老木件、老砖。

3. 传统技艺与现代技术结合

古建筑施工营造多用传统技艺，在一些部位又结合现代施工技术，例如仿古窗花、马头墙的初坯成模，特殊部位采用钢柱、钢梁仿古技术，青砖砌筑方法与构图等，手法不断创新。

四、新技术、新材料、新工艺的应用

1. 新技术的应用

利用 3D 打印方式制作铝合金窗花和木纹转印。在原有建筑外墙立面仿古改造中，对铝合金窗花的改造是一个重点，给铝合金上木纹色又是一个难点，为解决这个问题施工团队和厂家联合利用 3D 打印方式制作，取得了很好效果。

2. 新工艺的应用

新建仿古建筑木纹转印。项目使用仿古木纹作为古建筑物本身的主要颜色，用在柱、梁、门窗等部位，并用彩绘来装饰木构架的上部结构，比如柱、梁、枋等。

3. 新材料的应用

仿古建筑外立面改造采用软瓷材料。外墙饰面为新型材料软瓷，软瓷以改性泥土为主要原料，是运用温控造型系统成型、烘烤交联而成的一种柔性建筑装饰面材，纹理真实、自然，同时又具有轻薄、易于运输、施工便利等优势，可应用于外墙墙面。

4. 其他专利和技术的应用

（1）水上挖机运用及疏浚淤泥固化处理（环保技术）。双江河由上游众多小溪流汇合形成，水量丰富，河道比较宽，淤泥多且河道深，一般挖机下河作业困难，施工团队从安徽调来水上挖机作业。同时对清理出的淤泥进行净化、固化处理，将有害物质处理掉再利用。

（2）植草砖护坡的运用，结合河道驳岸的特点，施工团队运用新型植草砖混凝土材料，单独制模，取得很好效果。

（3）当地水生植物栽培改进利用。双江河与恩江河交汇处因河水冲刷，河道两边基本是泥沙，为解决河岸植物栽培，打造景观效果，施工团队采用泥沙、河道淤泥固化土质为基础，通过芦苇单独根系、带杆、带叶等多种方式进行栽培，增强了适应性。

项目荣誉：

本项目获“2019-2020 年度吉安市优良工程结构奖”。

吉安国际文化创意产业园润达美墅别墅区公园绿化景观及配套工程

——江西绿巨人生态环境股份有限公司

设计单位：杭州奥雅建筑景观设计有限公司
施工单位：江西绿巨人生态环境股份有限公司
工程地点：江西省吉安市青原区旅游大道与105国道交会处
项目工期：2018年4月2日—2018年8月6日
建设规模：8万平方米
工程造价：3600万元

本文作者：刘　冰　江西绿巨人生态环境股份有限公司　工程部经理
王少华　江西绿巨人生态环境股份有限公司　采购部经理
龙华良　江西绿巨人生态环境股份有限公司　项目经理

图1　典雅的别墅群，风格独特，小河流水、绿树成荫

一、工程概况

吉安国际文化创意产业园润达美墅别墅区公园绿化景观及配套工程，位于吉安市青原区旅游大道和105国道交会处，为城市规划发展圈东部区域。项目周边拥有水库等多处水体资源，背靠5A级青原山景区，直面大片山塘湖水，视野开阔，西拥密树丘陵，绿意葱葱，生态宜居。

项目定位为城市顶级山水别墅。该地块多为低矮丘陵地形，项目设计完美地保留和利用了自然地形，打造建筑与自然完美融合、人与自然和谐相处的园林景观。宅间打造景观通廊，为居民间的相互交流创造条件。整个小区通过组团植物、四季花卉、坡地草坪、现代艺术雕塑、各式水景，营建田园牧歌式的居住环境（图1～图20）。

图2　在花草树木的环绕下，“润达美墅”这四个显眼的大字好像在石头墙上翩翩起舞

图3　蓝天白云、绿草如茵，尽显润达美墅的安静而舒适之美

图4　远处的山，近处的水，水里的石头，再加上那优雅曲折的小路，油绿的草，茂密的树，构成了一幅连绵不断的画卷

图5　典雅的荷兰风格，成为一道亮丽的风景线

图 6　鹅卵石铺成的小路，四周环绕着绿色的草坪和茂密的树木，这无不彰显出设计者的精心构想

图 7　站在简单而不俗的木栈道上，尽情地享受着这山水相映的美景

图 8　河畔的桂花树，精心铺垫的“绿色地毯”，在阳光的照射下格外招人喜欢

图 9　精致的树木，简单的造型，融会在一起，简单而美好

图 10　树木与草坪的完美结合，形成了一幅优雅的绿色长廊

图 11　树木环绕、绿草铺垫的“润达美墅”，如诗如画，令人神往

图 12　荷兰风格的风车在清新的草地上翩翩起舞，仿佛在诉说春天的故事

图 13　鹅卵石铺成的小路直通湖面木栈道，湖水波光粼粼，到处鸟语花香

图 14　娇艳的小花和水中的倒影让人留连忘返

图 15　山连着景，景连着山，相互交融，无与伦比的美

图 16　天然石头砌成的护岸，在绿色的衬映下，显得格外别出心裁

图 17　天然石材砌成的护岸在绿草坪的衬托下，形成了一道亮丽的风景线

图 18　树静墅美，典雅别致

图 19　端庄的别墅群在绿树、草坪的衬映下互相守望

图 20　茂密的树林、油绿的草地，让人心旷神怡

二、工程理念

本工程项目以中心生态旱溪为景观主轴。旱溪模拟自然溪流水系，蜿蜒起落在微丘陵地形之间。旱时石块自然裸露，似干涸河床，遇雨则汇流，遵循自然规律，为场地创造更多的可能，满足景观的生态功能。目前在住宅小区建造如此大面积的生态旱溪（约 9800 平方米）难得一见。

三、工程的重点及难点

此项工程最大的技术重点是生态旱溪施工。生态旱溪不同于枯水旱溪，它是一种模拟自然溪流水系的景观。为了更好地理解和模拟自然水溪，项目组调研、参考附近青原山风景区天然小溪，制定施工方案。首先随地形走势划定旱溪的蜿蜒岸线，在溪流转弯处适当放宽溪床宽度，便于雨水流通，减少对溪岸的冲刷。驳岸利用大小石块的自然缝隙进行接镶嵌，保留石块之间的缝隙，为动植物和微生物创造生存空间。溪中或放置体量较大的孤石，或于坡陡处叠自然石坝形成跌水，减缓雨水的径流速度，将雨水暂时汇集吸收，当水量达到饱和时通过排水管网排出。临近水面处分层次布设参差不齐、前后错落的礁石、汀步。溪内卵石依边缘大、向内逐渐缩小的方法散布，极尽自然，保证在溪水少时依然美感十足。两侧绿地以缓坡入水，按孤植、丛植、群植、片植等多种方式，沿溪流布置各种植物，形成溪边植物的生境，产生不同的空间和季相变化，营造了一个源于自然、高于自然的水体景观。

工程难点主要有以下三项。一是施工二

次设计，因工程现状为高低错落的各式坡地和台地，而施工图却为平面设计，需要深刻领会设计意图，根据现状进行二次设计，才能达到最佳效果。二是建造大面积生态旱溪对技术要求高，如何利用石块的自然缝隙拼接镶嵌成驳岸，溪中大小散石如何摆放，才能形成石涧、石池、跌水等自然景观，并起到减缓雨水径流、汇集吸收雨水的作用，需要向大自然学习，精心钻研。三是原生大树的保护性移植需要采取科学合理的技术措施进行挖掘、运输、栽植、养护，确保成活。例如大樟树的保护性移植，团队有多年积累的成功经验，挖掘前先修剪，保留主要骨架树枝；挖掘时边挖边用草绳绑扎土球，确保土球不松；栽植时分层填土浇水，确保浇足浇透；立支架、拉保护网等进行多重保护；再行喷雾保湿、黑网覆盖遮阴、病虫害防治等精心养护。确保移植的胸径40cm以上的大樟树全部成活，长势良好。

四、新技术、新材料、新工艺的应用

1. 新技术的应用

雨水回收利用技术，施工过程中收集雨水，经过雨水渗蓄、沉淀等处理后集中存放，用于施工现场部分绿化苗木的浇灌。

2. 新材料的应用

（1）保水剂。保水剂是一种吸水能力特别强的功能高分子材料，无毒无害，能够反复释水、吸水，因此人们将其比喻为微型水库。同时它还能吸收肥料、农药，并缓慢释放，增加肥效、药效，广泛用于农业、林业、园艺建筑材料等方面。

（2）抗蒸腾防护剂。抗蒸腾防护剂主要用于农业、园艺、林业等领域，在持续干旱的情况下施用，能够有效抑制树体水分蒸发，尤其对反季节树木移栽的成活率提高具有不可或缺的辅助作用。抗蒸腾防护剂由环保型生态材料高分子构成网状结构，其分子间隙具有透气性，能够保证植物的正常呼吸与通气。在植物枝干和叶面表层形成超薄且透光的保护膜，有效抑制植物体内水分过度蒸腾，最大程度降低因移植、干旱及风蚀造成的枝叶损伤，提高植物成活率，降低人工养护成本。

（3）透水软管。软式透水管是一种具有侧滤透（排）水作用的新型管材，能够满足工程设计要求的耐压能力，对地质无特殊要求，施工方便。透水软管的外层为麻丝纤维，中衬为螺旋钢丝，内层为无纺布，这样的构造使得其拉断强度高，抗腐蚀性高，抗低湿性能好，使用寿命长。

（4）体育设施、休闲娱乐设施等采用从废旧轮胎中回收、加工、改造、配色的五彩塑胶新材料。

3. 新工艺的应用

（1）石笼围墙、挡土墙、护坡挡墙。石笼围墙是在钢筋有序焊接成的笼子里面，放置大块的毛石而形成的可以分隔空间的构筑物。施工工艺比较简单，所用的材料——钢筋、石块也很常见，施工速度快。在石笼外面放置一些开花的攀爬植物如牵牛花、炮仗花，也能使石笼变得更有生机和特色。

（2）微喷应用。在树冠部位均匀布设微喷设备，充分利用滴头或者微喷头喷洒植物根部，既能够节约水资源，也能避免肥料的浪费，减轻园林施工人员的劳动强度。

（3）土方工程中使用了架空砖。在自然空间和基础土壤间使用架空砖，架空砖硬化面层的网状结构缝隙构成了空气和雨水的“自然”通道，使得雨水能顺着架空砖渗入地层，架空砖面层下土壤层终年湿润，避免因热蒸发量大造成土壤中水量流失从而使植物无法吸收土壤水分的现象。架空砖的结构提升了土壤的蓄水、渗水、排水能力，使土壤水分被树木吸收继而经叶面蒸发，这对于干旱少雨城市草坪的生态效益起到了积极的作用。

（4）健身区及儿童娱乐区的地面饰面采用新型成品橡胶地垫。该橡胶地垫表层呈现颗粒状，增强了防滑的功能；其次橡胶地垫厚度在 1 ～ 2 厘米，很有弹性，能够减缓对人体的冲撞力，满足大众使用功能的同时，既安全又环保。

项目荣誉：

本项目获“2019-2020 年度吉安市优良工程结构奖”。

北京润泽庄苑 A03 地块北侧代征绿地（三区）园林景观工程

——北京顺景园林股份有限公司

设计单位：北京顺景园林股份有限公司
施工单位：北京顺景园林股份有限公司
工程地点：北京市朝阳区来广营乡清河营村
项目工期：2018 年 3 月 20 日—2019 年 12 月 10 日
建设规模：31640 平方米
工程造价：1370 万元

本文作者：李小彬　北京顺景园林股份有限公司　项目负责人
杨　逦　北京顺景园林股份有限公司　技术负责人

图 1　跌瀑水景 1

图 2　入口区域

表 1　技术经济指标

景观面积	绿地面积	铺装面积	植物种类	乡土植物种类
3.1 万 m^2	2.7 万 m^2	0.4 万 m^2	50 种	38 种
绿地占比：70%			乡土植物占比：76%	

一、工程概况

北京润泽庄苑 A03 地块北侧代征绿地（三区）园林景观工程坐落于北京朝阳区润泽御府北侧，周边有多处大尺度郊野公园。设计施工从城市公共空间的角度出发，探寻人们的生活需求，给周边人群提供一个高品质的、具有人文特征的社区公园。俯瞰整个场地，里面堆积了大量因施工开挖而形成的土山，本着“因地制宜”的原则，设计和施工时决定不将土方运走，而进行内部平衡，通过叠山、理水，用“自然的关系”链接整合周边场地，形成一条蜿蜒起伏、绿意盎然的自然山水带（图 1~ 图 16）。

图 3　跌瀑水景 2

图 4　景亭及周边景观 1

图 5　景亭及周边景观 2

图 6　儿童乐园

图 7　园路及水景

图 8　溪水景观

图 9　园路及水景

图 10　跌瀑水景

图 11　入口区域假山

图 12　特色种植

二、工程理念

本项目与场地特征高度契合，以“自然山水空间”为构架，将“宏大、幽邃、人力、水泉、苍古、眺望”这六种特质融入其中，同时为周边居民提供一个可以慢跑、聚会、休闲娱乐、儿童活动的高品质场所。

结合设计特点，我们采用了以下科技创新点保障项目的完美呈现和长久使用。

（1）生态——雨水调蓄，将园区的雨水积蓄系统与城市雨水管道相结合，减少市政管网压力。园区内约有 1200 立方米的水池面积，可减少 30% 的市政用水压力。收集雨水连接绿化中水管道，能够节约自来水，并降低水处理的成本，达到节能减排、绿色环保的目标。

（2）运用水生植物修复技术对水质进行净化。利用植物自身及其共生生物体系清除水体中污染物，以达到净化水质的目的。通过水质

图 13　环路及照明

生态净化技术，截留陆域面源污染、吸附和吸收水体营养物质。

（3）生态修复。场地内堆放了大量土方，进行内部土方平衡，减少外运，利用现状土方进行堆坡造园。

（4）在植物的选择上从生态及品种多样性出发，遵照生态适应性原则选择品种，与乡土植物合理搭配，并丰富群落季相变化。

（5）结合假山跌水的景观设计，对假山结构进行了技术优化与创新，既保障了呈现效果，又对内部结构做了良好的防护，大大延长了假山的使用寿命。

（6）本项目设计特色种植，以造型油松与景石搭配，打造枯山水景观，下层用造型球打造独特的特色种植。

（7）在照明系统方面，以节能与智能照明相结合的方式，用网络控制照明调节，依据人流活动密度调节亮度，最大化地实现节能环保的理念。

三、工程的重点及难点

1. 进度控制

利用“网络图”进度控制技术，分级、分层、分区施工实施进度计划和控制，围绕各分区“关键路径”，严控各节点时间，合理配置资源，积极调整施工部署，主动克服不利因素，确保了工期目标的实现。

2. 技术质量管理

实施全面和可追溯的质量管理办法。初期，公司利用优势技术资源，针对项目特点制定了全面的《质量策划》，并逐级交底贯彻；在实施过程中，实现班组和技工实名记录，项目部检查、记录、督促整改，确保项目的交付品质。

3. 技术队伍建设

通过本项目的实施，强化锻炼了技术和管理都过硬的项目队伍，培养了一批施工技术精湛的技术人员，为迎接新的任务打下坚实的组织基础。

4. 环保施工

积极响应首都蓝天保卫战的号召，在施工期间做到了非施工区域 100% 覆盖，有尘施工区搭设了防尘棚，同时采取了一系列垃圾减量或无害化处理方式，对绿化垃圾采取了粉碎堆肥处理。

图 14　入口区域照明

图 15　阳光草坪 1

图 16　阳光草坪 2

四、新技术、新材料、新工艺的应用

1. 人工生湿地建设方面

结合项目人工湿地和蓄水池的建设，应用公司自有的“一种基于园林废弃物利用的多功能生态浮岛”“一种水体生态修复集成系统”“一种柔性边坡生态防护系统”“一种用于沉水植物种植砖固定的定植框”等四项专利技术，有效降低了建造成本和维护费用，取得了很好的生态和经济效益。

2. 节水浇灌方面

主要应用自回旋升降喷灌装置，有效提高了浇灌效率，降低了单位面积的浇灌用水量。

中建·光谷之星 E、H、G/I 地块园林景观工程

——武汉农尚环境股份有限公司

设计单位：泛亚景观设计（上海）有限公司

施工单位：武汉农尚环境股份有限公司

工程地点：湖北省武汉市东湖高新区

项目工期：2017 年 7 月 15 日—2019 年 6 月 30 日

建设规模：115516.91 平方米（其中绿化面积 90032.2 平方米）

工程造价：约 9070.3 万元

本文作者：李　勇　武汉农尚环境股份有限公司　项目负责人

肖焱兵　武汉农尚环境股份有限公司　成本负责人

张　千　武汉农尚环境股份有限公司　技术负责人

图 1　大门入口标志及边景

一、工程概况

中建·光谷之星E、H、G/I地块园林景观工程位于武汉光谷新城核心区域，由南至高新大道、北至九峰一路、东至高科园路、西至光谷六路合围地块及九峰一路与高科园路交界的东南地块，紧邻九峰山国家森林公园、未来科技城、光谷生物城及东湖高新行政服务中心。

武汉农尚环境股份有限公司承建的光谷之星项目包含三个项目施工合同，含E、H、G、I四个地块；合同总造价约9070.3万元，项目占地总面积约115516.91平方米，绿化景观总面积约90032.2平方米。其中E地块合同造价约1519.9万元，占地面积约24925.31平方米，景观绿化面积20307.6平方米；H地块合同造价约2143.6万元，占地面积约24252.35平方米，景观绿化面积18955平方米；G/I地块合同造价约5406.8万元，占地面积约66339.25平方米，景观绿化面积50769.6平方米。

项目景观工程主要施工内容包括：园建工程、绿化工程、水电工程等。其中，园建工程包括路面铺装面层及基础，主入口广场铺装、景墙、南北入口喷泉水景、汀步、地下车库入口处外饰面、钢木结构、雕塑、小品、微地形、假草坪施工、艺术成品安装等；绿化工程包括苗木栽植基础工程、栽植工程、养护等；水电工程包括电气工程、浇灌给水工程、灯具电气设备安装、水景安装工程、排水工程、喷泉水景管网给排水系统等（图1~图21）。

图2　H地块西侧绿化

图3　H地块办公楼广场

图4　酒店

图 5　地块树阵

图 6　科技馆

图 7　特色水景施工图

图 8　特色水景

图 9　喷水池

图 10　地块下沉庭院特色水景

二、工程理念

光谷之星项目的定位是为办公大楼及产业园区整体形象服务，景观理念以风格简洁大气、视野形象开阔、感观功能协调统一为原则，主导环保节能绿色生态。通过矩阵式树阵、规则式水景、大面广场铺装为办公服务，同时酒店区域以常绿、彩叶树种搭配层次配合，营造花园式入户氛围，兼顾功能与观赏效果。

图 11　屋顶花园及下沉庭院

三、工程的重点、难点

特色水景、办公楼屋顶花园及下沉庭院施工、特大乔木种植、钢木结构和大面积广场铺装是本工程施工的重点、难点，通过实施严格材料验收管理流程、施工过程质量管控和成品保护措施方案，有效保证了重难点工程的顺利完工。

1. 特色水景

项目有跌级水景、镜面水景、旱喷等多种特色水景形式，主要材料包括黑金砂、中国黑、芝麻黑等深色系石材。其中，对于材料的定样与排版下料加工是施工过程中重点把控的关键环节。

项目材料定样时，针对特色水景的专用石材和不同加工面，采取设计、监理、业主单位共同严格把关选定，全部要求石材涂刷防护剂做到六面防护，材料分批次到场后，人工逐块对石材的完整性、射线、质感等质量和效果进行逐一复查，不合格板材全部退货或替换，确保每一块石材的质量。定样后根据现场实际结构尺寸下料加工，对于异形板，采取现场复尺、专版下料、单独加工、工厂编号标注、到场按批分装等步骤，确保水景板材拼接的留缝、转角接口顺滑，弧形及线条清晰流畅。

图 12　特选大树

图 13　地块大树种植

2. 办公楼屋顶花园及下沉庭院施工

本次项目施工涉及屋顶花园及下沉庭院施工面积近 8000 平方米，覆土回填平均厚度超过 50 厘米，土方、面层铺装材料及绿化苗木等需转运材料体量及工程量较大，其中 H、G、I 地块因主体建筑已完成施工，塔吊拆除，实际无施工通道，全部材料转运统一需垂直运输至地下室，经人工卸车二次转运，通过货运电梯搬至屋面、露台、内庭和下沉庭院区域。

3. 大乔木、名贵树种的移栽

该项目所使用的特选大树为胸径 50 厘米香樟和 80 厘米朴树两种规格，由于设计效果要求全冠移栽，且苗木原始土球过大，移栽措施与成活养护成为施工中的重难点。

选择经过断根处理的苗圃移栽苗，确保植株再次断根后尽快适应生根环境。苗木提前在苗源地进行适当修剪，确保多级侧枝和主要骨架完整，同时剪掉部分侧枝，减少运输过程中的养分消耗和蒸腾作用对根系的影响。对土球适度浇水、对三级侧枝在内的主要骨架均进行草绳等缠绕保护和包扎处理，防止土球散落和枝条折断。栽植修剪以适度重剪为原则，辅以生根粉、营养液、多菌灵等，确保减少养分消耗的同时，刺激剪口下抽枝萌发和根系再生。为避免积水，适度抬高栽植，对树穴外围抬高围堰以杉木桩围护、种植常春藤等常绿植物覆盖树盘，提升细节效果。H 地块全部大树均采用滴灌形式对包括大树在内的草坪等处进行补水，加强栽植后的日常水分管养与观察，确保高温季节保湿保水。

4. 钢木结构

本项目 H、E 地块多处下沉庭院钢楼梯、栏杆等均为钢结构，因其结构笨重，操作不便，且细节要求较高，故在施工过程中应将其作为重点进行控制。

重点控制材料的进场合格验收，对于厂家

图 14　钢木结构楼梯

图 15　大面积广场铺装

图 16　E 地块科技广场铺装

图 17　E 地块绿荫小道

图 18　草坪

图 19　特色水景铺装

到场加工材料，要求原材料相关质量证明、检测报告等依据齐全，符合设计要求；对于焊点检测等要求严格按照检查报告复检通过后执行。钢结构制作过程中根据工艺要求预留焊接收缩余量及切割、刨边和铣平等加工余量；组装前，连接表面及沿焊逢每边 30 ～ 50 毫米范围内的铁锈、毛刺和油污等必须清除干净。多层焊接应连续施焊，其中如发现有影响焊接质量的缺陷，必须清除后再焊。钢结构安装验收合格后油漆涂刷前，将需涂装部位的铁锈、焊接飞溅物、油污、尘土等杂物清理干净，同时对于螺栓等影响视觉效果处进行平齐切割处理，提升细节质量。

5. 大面积广场铺装

本项目各地块出入口涉及大量的大面积广场铺装工程，广场铺装材料主要以石材为主，其中既有 600 毫米以上大规格板如山西黑、芝麻黑烧面石材等，同时也有 100 毫米芝麻黑小料石等局部铺装和 200 毫米宽弧形板铺贴。平整顺齐与整体效果为重点控制项目。

（1）防沉降处理

场内土方回填后采用压路机分层碾压与夯实，防止不均匀沉降、塌陷；地下室边缘采用 300 毫米厚 C2012@200 单层双向钢筋加固，伸入地下室顶板区域不少于 60 厘米。

（2）升缩缝设置

按照设计标准做法，为防止由于气温变化 (热胀、冷缩) 对结构产生裂缝或破坏，广场大面积铺装按照要求不大于 6 米 ×6 米设置缩缝，伸缩缝设置尽量调整至波打线处。

四、新技术、新材料、新工艺的应用

公司始终遵循“科技是第一生产力”的原则，为配合中建 · 光谷之星绿色、科技的工程理念，在施工中根据实际情况因地制宜应用新技术、新材料及新工艺。

1. 新技术的应用

（1）高水位（积水）区苗木栽植技术

高水位（积水）区苗木栽植技术通过换填砂、碎石、陶粒，设置排水管、盲沟、透气管等措施，并结合相关专利技术“一种用于土壤改良的排水装置”（专利号：ZL201220409189.6）、“一种用于在水泥或沥青的大面积铺装地面下的树盘通气的装置”（专利号：ZL201220430250.5）有效改善了土壤通透性，使苗木成活率得到了保证，苗木生长良好。

（2）耐践踏性游憩型草坪构建技术

耐践踏地被植物低矮匍匐，横向生长，习性强健，覆盖能力强，且具有较强的耐荫性，

图 20　E 地块办公楼周边景观

图 21　科技馆南侧入口景观

同时在施工中利用专利技术"一种耐践踏的层状结构草皮"（专利号：ZL201520936036.0），这种专利技术的应用既可以方便游人游玩，又保持了草坪的观赏性。

2. 新材料的应用

（1）轻质泡沫混凝土

建筑屋顶的承重与荷载问题是影响屋顶花园可实施的关键因素，它直接关系到工程的质量与安全问题。为解决本项目屋顶荷载的问题，项目施工中采用轻质泡沫混凝土材料，该材料具有密度小、隔热性能好、隔声耐火性能好、低弹减震、防水性好等特征。本工程使用该材料，使得自重降低 25% 左右。同时该轻质混凝土材料属多孔材料，能够起到很好的防火隔声效果，同时具备较好的节能效果。

（2）面层装饰材料

H 地块会议室屋顶，除采用轻质混凝土材料外，铺装采用大理石材质。为提升 6 楼室内屋顶铺装效果，该项目在铺装时采用"墨玉白根"大理石，其表面呈不规则的闪电纹路，抗风化能力较强，且吸水性较高，将此种石材用于会议室屋顶的特色水景，既保证了施工质量，又能将石材的天然质感和色感完美地表现出来，材质与色泽的巧妙搭配有效地展现了石材的高贵、典雅的风格。

五、结语

武汉农尚环境股份有限公司承建的中建·光谷之星 E、H、G/I 地块园林景观工程为保障工程质量，每道工序过程严格执行实测实量，班组、项目部和监理三级控制管理，秉持着原材控制、过程三检、一遍成活、一次成优的原则，项目部每周会进行工程质量及安全专题会，重点针对本周质量控制重点、关键工序进行分析，进一步细化各节点做法，努力做到过程控制出精品；工程质量符合现行的国家和相关行业的技术规范及质量验收评定标准，已通过业主、监理、质量监督部门验收。

武汉农尚环境股份有限公司秉承永不懈怠的精工品质，以严苛的艺术标准，精心雕琢每一处产品细节，以其高效的工程质量打造超 5A 合院式生态写字楼，造就"鲜氧"办公环境。

澄江县右所镇吉花村委会马房村田园综合体建设设计施工一体化（EPC）

——成都环美园林生态股份有限公司

HISTORIC BUILDING GARDEN

设计单位：四川环美工程设计有限公司
施工单位：成都环美园林生态股份有限公司
工程地点：云南省玉溪市澄江市
项目工期：2017 年 11 月 29 日—2018 年 6 月 28 日
建设规模：186254 平方米（其中绿化积 98410 平方米，古建面积 26640 平方米）
工程造价：5000 万元

本文作者：魏　强　成都环美园林生态股份有限公司　高级工程师、技术负责人
梁　琦　四川环美工程设计有限公司　工程师、设计总监
尹光文　成都环美园林生态股份有限公司　工程师、项目经理

图 1　马房村鸟瞰图

图 2　红红火火的乡村街道

图 3　乡土植物缠绕着土黄色传统滇派老宅；使乡村特色更加浓郁

一、工程概况

马房村田园综合体建设设计施工一体化（EPC）总承包项目位于云南省澄江市（原为澄江县）右所镇吉花村委会马房村，该项目依托抚仙湖旅游环线，以生态优先、绿色发展为契机，牢固树立“绿水青山就是金山银山”的发展理念，以保护抚仙湖生态建设为目的。项目施工内容为房屋外立面改造、公共卫生间、垃圾房、入口牌坊、景观绿化、停车场、休息亭、景观平台、电力改造、道路工程、景观设施等工程（图 1~ 图 30）。

图 4　经过治理，生态旅游特色的马房村 2019 年被评为云南省级“最美乡村”

图 5　乡村民居窗前的千亩荷塘及紫柳绿带

图 6　运用乔木、灌木、地被及水生植物构建的“调蓄带”，确保抚仙湖“琉璃万倾”，是全国稀有的一类水质

二、工程理念

项目建设以实际情况出发，秉承可持续发展原则，整合自然资源，打造生态与人文和谐、有机现代农业与城郊乡村旅游联动发展的美丽乡村，为具备资源禀赋条件的村落提供乡村振兴示范。

项目围绕乡镇布局优化、环境整治、保护抚仙湖生态建设（包括调蓄带，多层次植物植入，水生植物、沉水植物、浮水植物、挺水植物等植入，达到阻拦污水、净化湖水的目的）以绿水青山为建设目标，同时将新技术、新工艺、新材料及新型专利运用到项目中，如污水处理、水质改良、土壤改良生态技术运用等。

以产业重新发展定位布局和村庄居住环境的改善建设为中心，以与城乡人居环境提升、美丽家园行动“一水两污”建设、农村危房改造相关扶持政策为契机，实现农村生产、生活、生态“三生同步”；一、二、三产业“三产融合”；农业、文化、旅游“三位一体”。

图7　马房村村口高大的牌坊、入村公路及花海

图8　湿地公园一角

图9　精心打造的民居＋连排商铺

图 10　马房村民居墙面的“泥雕”，记载着原住民的民俗民风

图 11　民俗外墙向人们传递马房村“荷住民的民俗民风”

图 12　马房村“党群服务中心”

图 13　乡土气息十足的园路

图 14　绿道外就是千亩农田

图 15　优雅宁静的马房村民宿如今成为抚仙湖周边旅游节点和聚集地

图 16　村里还保留着传统土砖民房

图 17　过去脏差乱的村庄，现在已治理得井井有条

图 18　青砖黄墙打造的马房村民居

图 19　党的“三农”政策深入马房村

图 20　水质处理调蓄带到处芦苇花香

图 21　夜幕下马房村风铃声飒飒作响

图 22　街道多彩阳伞

图 23　休息廊亭，热闹非凡

图 24　精致的街道小巷

图 25　入村牌坊

图 26　项目改造前后效果对比 1

三、工程的重点、难点及特色

项目地域文化形象薄弱，产业类型单一，缺乏第二产业以及以旅游为导向的第三产业；村庄建设用地利用粗放散乱，土地利用不集中；公共服务设施单薄，缺少旅游设施；生态本底较好，乡村建设及农业开发活动存在侵占生态用地、破坏生态环境现象。

村内外交通可通达性差，人车流线混乱。村庄内仅存一条主道路，路网结构从街道到村落呈放射状，内部交通不成体系，对外交通不通达。村庄整体风貌杂乱，并缺乏特色，布局不协调，分布杂乱，安全通道不足，极易引发安全事故。

澄江县右所镇有着悠久的军屯文化，明朝实行“卫所制”移民实边，寓军于民。洪武十九年九月沐英奏请军队分屯云南，云南设三十六卫所，澄江为其一，澄江卫所制设置“左、前、右、中、后”所，右所本是军屯编制，后发展为地名，马房村因军屯时蓄养军马而得名。

项目为村落改造，涉及户数较多，协调工作为项目重中之重。机动车、非机动车、行人未实行交通分流，交通组织存在难点。

项目不同专业的施工队伍较多，土建、装饰、钢结构、古建筑、管网、高压电线下地、亮化、雕塑、景观节点、河堤改造等各专业配合交叉多，由于涉及的工种多、施工作业面复杂，因此就决定了在施工程序安排和施工方法的选择上有较大的差异。合理调配项目人员，协调各专业工作进度，确定合理的施工顺序，做好与各不同专业施工的交叉平行作业，协调配合工作，以确保工程顺利进行和按期竣工是本项目重点解决的问题。

项目建设通过道路改造升级，人行步道优化，村内建筑风貌改造，入口牌坊建设，对景观进行提升及对核心资源进行整合挖掘；通过花草树木栽植及亮化照明，使景观更加丰富多变；配套旅游公共服务设施，休闲凉亭、停车场等设施建设，使得整个村庄联动统一，展现出现代乡村振兴的新气象。

项目的建设突出“基础设施完善、人居环境优良、特色风貌鲜明”的新型城镇建设18字方针，逐步完善乡镇基础设施建设，通过“一街两村”马房村布局优化、街面打造，增加历史文化节点，以绿化、美化、环境净化为目标，以项目为抓手，着力实施乡村振兴。通过生活垃圾处理设施建设、完善康体娱乐设施和乡村旅游基础设施建设等措施，达到消除脏、乱、差的原始环境面貌，为创造文明、卫生、环境优美的美丽村庄奠定了坚实的基础。

四、新技术、新材料、新工艺的应用

新技术、新材料、新工艺和新机具（四新技术）的使用和技术创新，是优质高效地完成工程任务、保证工程质量、加快工程进度、缩短施工周期、极其有效地降低工程造价、完全实现建筑物设计风格和使用功能的关键保证之所在。“科学技术是第一生产力，科学技术必须为经济建设服务”，在本工程施工中坚持重视科学，认真推行将科学技术转化为生产力的一贯方针，结合工程实际情况，指定专门人员抓好此项工作。

结合本工程的特点，在施工过程中广泛推广使用科技成果，除此之外，公司还结合本工程的施工实际，努力探索新的施工技术，总结新的施工工艺，应用新的建筑材料和新机具。

图 27　项目改造前后效果对比 2

图 28　项目改造前后效果对比 3

图 29　项目改造前后效果对比 4

图 30　项目改造前后效果对比 5

1. 水质生态净化技术的应用

以湿生植物及水生植物（挺水植物、沉水植物、浮水植物）群落的构建为核心，利用植物自身共生生物体系清除水体中污染，通过水质生态技术，能够截留陆域面源污染，吸附吸收水体营养物质，从而达到保障、改善水质的目的。通过放养肉食性鱼类，实现对杂食型鱼类或小型草食型鱼类的补食，抑制其对高等水生物的牧食，同时减少小型鱼类以减轻浮游动物的捕食压力并增加对浮游植物的牧食，使其达到水质保护的目的。放养大型底栖动物在水生态系统的物质循环中具有特殊的地位和作用，其可滤食或摄食底栖藻类，可以有效调节底泥界面营养盐释放，最终使整个湿地水域形成一个自然的共生体系，达到水质保护的目的。

2. 混凝土表面喷浆技术的应用

混凝土表面喷浆技术能提高找平层与基体的黏结强度，避免抹灰层空鼓脱落。

3. 环保生态木的应用

环保生态木是一种专利技术，是一种“GreenerWood 塑合成材料”，是一种经济环保、健康节能的新型材料。主要由木基或者纤维素基材料与塑料制成复合材料，结合了植物纤维和高分子材料两者的诸多优点，能大量替代木材，可有效地缓解我国木材供应紧缺的问题。

五、结语

本项目的建成，是澄江市实施生态移民搬迁后离抚仙湖北岸最近、受益较大的自然村，也是实施乡村振兴战略以来走出的幸福村、示范村，2019 年荣获“省级美丽村庄”荣誉称号。

项目荣誉

马房村荣获云南省农村人居环境整治工作领导小组颁发的“2019 年度省级美丽村庄”。

中建南湖壹号项目小区园林景观工程

——武汉农尚环境股份有限公司

设计单位：武汉市中创环亚建筑景观设计工程有限公司

施工单位：武汉农尚环境股份有限公司

工程地点：湖北省武汉市洪山区珞狮南路

项目工期：2015年10月10日—2017年5月31日

建设规模：54100平方米（其中绿化面积35361平方米）

工程造价：1998.03万元

本文作者：孙振威　武汉农尚环境股份有限公司　项目负责人
容　程　武汉农尚环境股份有限公司　成本负责人
王　晗　武汉农尚环境股份有限公司　技术负责人

图1　主入口门楼

一、工程概况

中建南湖壹号项目小区园林景观工程位于武汉市二环南湖核心地段洪山区文荟街星光时代东侧。该项目位于武昌快速交通轴雄楚大道与人文景观轴珞狮路的黄金交会点，周边有 BRT 快速公交、二环线、地铁 8 号线形成立体交通，通达三镇。该项目总造价 1998.03 万元，施工面积 54100 平方米，其中绿化面积 35361 平方米。

武汉农尚环境股份有限公司承建的中建南湖壹号项目小区园林景观工程，施工内容包括道路、广场、商业街、架空层、水景、廊架、景墙、景观小品、绿化乔灌木、草皮等（图 1~ 图 20）。

图 2　中轴水景

图 3　飞翼雕塑

图 4　休闲场地

图 5　童趣天地

图 6　人防出入口

图 7　广场铺装

图 8　植物组团

图 9　灌木花池

图 10　灌木植被

图 11　灌木配置

图 12　转角一景

图 13　蜿蜒小路

图 14　木栈道

图 15　中轴草坪

图 16　茵茵草坪

图 17　廊架造景

图 18　铁艺窗花

图 19　仿木廊架

图 20　消防通道

二、工程理念

中建南湖壹号项目小区园林景观工程整体设计风格为新古典风格，景观设计从简单到复杂、从整体到局部，都给人一丝不苟的印象，使人可以强烈地感受传统的历史痕迹与浑厚的文化底蕴，同时又摒弃了过于复杂的肌理和装饰，简化了线条。

三、工程的重点及难点

本标段施工的工作内容主要涉及装饰工程（硬质铺装）、安装工程以及乔灌木地被反季节种植等方面。本工程在施工过程中的重点和难点主要体现在以下几个方面：大面积混凝土基层，装饰面层铺装，施工质量控制及排水控制，提高重点乔木定植后的成活率并保持其观赏效果，花灌木及时令花卉的栽植效果表达与栽植管理，完工节点保障措施，与建设方、设计方、监理方以及其他施工单位的合作与协调，扬尘、噪声、粉尘、光线污染、文明施工和环境保护。

为确保项目部施工得以顺畅推进，我公司配备了专业齐全及施工技术优秀的施工班组进行施工，进而顺利完成了以下重、难点工程。

1. 面层铺装

该工程铺装风格多变，石材规格及样式多元化，在人行道和车行道之间用不同石材拼贴成图案，将地形、植物、材料、建筑进行园区内外空间的分隔，创造出园区内相对独立、安静、自然的居住环境，同时通过曲折的园路、地形的堆坡造型、植物的分隔，创造出咫尺天地，包罗万象的园林景观。在整个项目的面层铺装过程中，通过对不同贴面材料的运用，并利用自有专利技术“一种隐性井盖”（专利号：ZL201220409213.6）解决路面井盖不美观的问题，突出路面铺装层次感和色彩感，加强了空间感及园区的意境。

2. 大树种植

本项目胸径超过20厘米主要包括香樟、朴树、乌桕、红果冬青、银杏等。对要使用的大规格苗木严格把好质量关，苗木除了规格要符合要求外，还要选择生长势头旺盛、形状好、无病虫害、无机械损伤的苗木，每棵苗木都需要进行标记及编号。对于大规格苗木全部选择移栽苗，并在大树运输中采用自有专利“一种用于树木运输的升降架”（专利号：ZL201420793723.7）避免大树在运输移栽过程中受到损伤。苗木起苗时间和栽植时间尽量做到紧密结合，做到随起随栽，若不能立即种植的则进行假植。

3. 水景施工

水系景观是工程中的一个重点，也是该工程的亮点和焦点。本工程的水景工程虽然面积不大，但形式多样，有天鹅雕塑喷水水景，整石喷泉水景，跌级水景等。施工时对于水景的样式、跌级高度、平整度都进行了专项方案，严控进场材料，确保每一步工序与检查点无遗漏，再结合周边植物色彩及造型的搭配，使得动可观潺潺水流，静可观树叶倒影，动静结合，活泼有趣。

4. 噪声、粉尘、光线污染、文明施工和环境保护

项目施工区域位于居民住宅区和城市主要通道旁，周边过往车辆多，因此如何避免噪声、粉尘、光线污染，做好文明施工，做好环境保护工作是项目管理中的重点。进场施工前，依据相关规定和项目周边环境特点，制定符合规定和项目实际特点的相关管理制度，对参建各方主体进行宣传和教育；施工时严格监督其施工行为，定期组织现场巡查，对有违反规定的行为进行整改和严厉处罚，并对其不良行为进行公示。通过以上措施确保项目文明施工，做好环境保护，减小施工活动尤其是夜间施工对周围道路和居民区的影响。

四、新技术、新材料、新工艺的应用

1. 施工中采用的新技术

（1）排水控制

大面积铺装的排水效果与标高控制直接相关，在一定程度上对节点定位施工带来较大的难度。为精确地对场地进行放线施工，依据坐标控制点进行轴线加密和细部放线形成平面控制网，再根据方格网控制对应的标高，做好排水坡向；同时在施工中采用专利技术“一种用于土壤改良的排水装置”（专利号：ZL201220409189.6）便于道路雨水径流，解决道路积水等问题。

（2）土壤改良措施

原土壤质地黏重，通气透水性能差，土质较贫瘠。在施工过程中，通过施以青砂、泥炭土，并采用专利技术“一种适用于植被浅沟等海绵城市基础设施的土壤改良装置”（专利号：ZL201720186499.9），改善土壤土质环境，从而便于苗木种植与生长，大大提高了苗木的成活率。

2. 施工中采用的新材料

（1）钢结构仿木纹漆

仿木纹漆就是在普通钢结构上刷漆做出木纹效果的一种工艺。在廊架的施工中，我们采用了钢结构木纹漆这一工艺，这样既可以避免采用真实防腐木带来的成本高，安全性差和保质期短等各种问题，还可以满足美观、环保、造价控制的需求。钢结构木纹漆的价格低廉，而且耐用、美观、安全，实际效果与实木木纹不相上下，是贴纸木纹达不到的效果，该工艺可有效提升耐用性。

（2）石材铺装

园林中石材的铺装一般采用水泥砂浆铺贴法，在施工期间，石材板块会出现类似“水印”一样的斑块，随着砂浆的硬化和干燥，水印会稍微缩小或分散地出现在板块中，随着时间推移，特别是遭遇雨水或潮湿天气，铺装石材会出现返碱和泛白现象，严重影响景观效果。

在南湖壹号项目施工过程中，重要部位的墙面石材和水景石材铺贴分别采用了胶泥胶贴和干挂的施工工艺，从而避免返碱泛白现象的产生。

五、结语

中建南湖壹号项目小区园林景观工程在设计和施工过程中，遵循整体性、生态优先、因地制宜、可持续发展以及景观多样性的原则，充分考虑保护和利用原有地形、地貌和自然植被、水系等，尊重周边绿地的规划定位，使新建景观与周边原有景观完美融合，营造了人与自然和谐共生的生态景观。

项目荣誉

本项目2019年10月被湖北省风景园林学会评为“2019年度湖北省园林绿化优质工程”。

蕉门河滨水两岸绿道及绿化提升工程（丰泽大桥—蕉西水闸段）

——广州市园林建设有限公司

设计单位：上海市政工程设计研究总院（集团）有限公司

施工单位：广州市园林建设有限公司

工程地点：广州市南沙区蕉门河

项目工期：2019 年 4 月 15 日—2020 年 7 月 1 日

建设规模：124612 平方米，长度约 1.4 千米

工程造价：974.5 万元

本文作者：卢永忠　广州市园林建设有限公司　高级工程师

张远环　广州市园林建设有限公司　副总经理

曾　超　广州市园林建设有限公司　工程师

图 1　鸟瞰图

图 2　休闲座凳组景

一、工程概况

本项目位于广州市南沙区蕉门河，包含丰泽大桥以南、蕉西水闸以北现状蕉门河公园内，长度约 1.4 千米，设计范围约 274276 平方米，陆域面积约 124612 平方米，水域面积约 149664 平方米。主要建设内容包括绿道工程（修建 1.5 ～ 3 米宽绿道游径、停留平台和小型驿站建筑等配套绿道设施），绿化工程（含场地整理和绿化种植），给排水、照明和城市家具等配套设施等（图 1~ 图 18）。

图 3　湿地效果

图 4　远眺月拱桥

图 5　月拱桥侧立面

图 6　月拱桥正立面

图 7　月洞拱桥特写

图 8　景观节点 1

图 9　景观节点 2

图 10　景观节点 3

图 11　景观节点 4

图 12　彩色透水混凝土漫步道

图 13　亲水广场夜景

图 14　草地效果

图 15　活力运动

图 16　木塑平桥

图 17　公共厕所

图 18　休闲步道

二、工程理念

主要为打造社区之聚、城市之核、南沙之心的城市生态滨水公园，采用适合的河道形态、驳岸和滨水空间设计，借助多元化的高差处理手法，打造现代并富于变化的水岸生活平台。项目场地的空间布局以“两带、四区、多景”为特色，形成满足不同需求的滨水特色空间。综合场地特征，形成西岸由密林、草坪、彩花及红树林等为主要景观特色的水岸活力带；形成东岸由柳堤、夏荷、月影及浅滩为主要特色的滨水游憩带。

三、工程的重点及难点

该工程项目为广州市南沙区环境综合整治示范段绿化重点工程，由建设单位主持交接桩及施工图纸会审，项目团队对控制点进行导线复核、施工红线范围测量放线、围蔽施工、原始地面标高测量复核、整理绿化用地、苗木迁移、拆除既有附属构筑物、申请办理开设临时路口等。主要面临如下施工难点：

（1）解决临时用电、用水存在接驳点问题。

（2）施工场地位于河两岸，淤泥土质层较深，增加建（构）筑物基础施工难度。

（3）由于场地受限，大型机械难以进入现场作业，导致绿化工程的乔木种植（需使用吊机）进度缓慢。

（4）现场实际情况涉及变更内容较多（滨水角公园连通、原有排水口改造等）。

（5）新冠疫情造成的人员复工及材料采购、运输等问题。

四、新技术、新材料、新工艺的应用

本项目主要采用透水沥青混凝土，以沥青（必要时可掺入改性剂）作为粘结材料。透水混凝土也被称作多孔混凝土、间断级配混凝土、开放孔隙混凝土或过滤混凝土，是指在制备过程中，通过减少或避免使用细集料，形成具有内部连通孔隙微观结构的一种混凝土，是一种具有高渗水功能的新型生态环保材料。

使用透水混凝土后，对公园的建设和使用有着明显的改善。

（1）在降雨时，通过分散雨水的流向，能减小公园排水管道的工作负荷并有效避免局部区域的积水。

（2）雨水通过透水混凝土向基层和土壤中渗透，可补充所在地区的地下水位，具有环境保护和调节水资源可持续发展的作用。

（3）透水混凝土对雨水的就地渗透，一方面可在渗透的过程中对雨水产生净化效应，另一方面还可有效避免雨水与可污染物或被污染水体的接触，避免了二次污染，更好地保护地下水、维护生态平衡。

（4）降雨过程中渗透至透水混凝土基层和土壤中的水分，在晴天的时候可以部分地蒸发出来，降低城市的热岛效应。

（5）透水混凝土路面可降低并吸收行车噪声，减小声污染，这对于公园周边的工作和居住环境具有重要意义。同时，透水混凝土系统拥有系列色彩配方，配合设计的创意，针对不同环境和个性要求的装饰风格进行铺设施工。这是传统铺装和一般透水砖不能实现的特殊铺装材料。

兴宁玖崇湖项目一期园林工程

——深圳市绿雅生态发展有限公司

设计单位：南京古城园林工程有限公司
施工单位：深圳市绿雅生态发展有限公司
工程地点：广东省梅州市兴宁区（县）
项目工期：2018年8月1日—2019年9月12日
建设规模：31500平方米
工程造价：1065.67万元
本文作者：吴伏虎　深圳市绿雅生态发展有限公司　总经理

图1　鸟瞰图

一、工程概况

玖崇湖项目一期园林工程位于广东省兴宁市叶塘镇，紧邻济广高速叶塘镇出入口，距离兴宁市区约8.5千米，以温泉养生为特色，以中式四合院宅第文化、客家民俗文化、田园耕读文化为载体，因地制宜地打造集山、水、泉、居于一体的中式温泉特色旅游小镇（图1~图20）。

图2　玖崇湖入口

图3　玖崇湖温泉小镇建筑

图4　庭院景观1

图5　庭院景观2

图6　江南式建筑

图 7　温泉汤池

图 8　细长的走廊，看花望亭

图 9　园中小径 1

图 10　园中小径 2

图 11　绿意步道的一角、景观别致

图 12　走过满满绿意的步道，空气中弥漫着花草的芬芬

图 13　园中景致 1

图 14　园中景致 2

图 15　假山造型，体验不同地区的别致

图 16　艺术笔触勾勒简约的建筑风格

二、工程理念

兴宁玖崇湖温泉小镇素有“粤东第一泉”的美誉，依托丰富的天然温泉资源，在原生地貌上，将梅州客家风格与江南风格相融，赋予生活、休闲、娱乐的多种可能性与舒适感；让人们能在繁华都市忙碌之余，隐匿到近郊休憩。玖崇湖山间溪谷纵横，俨然一座温泉氧吧。项目整体采用江南街巷形制，借以亭、台、廊、巷点缀贯穿其中，勾勒出看得见山、望得见水、留得住乡愁的生态小镇。小镇的园林绿化景观与中式四合院宅第文化、客家民俗文化、田园耕读文化相融相合，青砖白墙的建筑让人恍如身在江南水乡。“春有百花秋有月，夏有凉风冬有梅。莫将闲事挂心头，便是人间好时节。”仿佛这就是文人雅士的一方诗意居所。

玖崇湖立足于客家文化特色的园林，用亲近自然的方式将温泉泳池区设立在郁郁葱葱的山林秘境之间。室外泳池与温泉群在一起，相互守望。

不出城廓而获山水之怡，身居闹市而得林泉之趣。玖崇湖以江南园林为范本，掇石理水，辅以精致的罗汉松、毛杜鹃等植物，为宾客营造雅致舒适空间。设计施工以现代园林手法为酒店注入文化内涵，以自然元素和简约风格呈现恬淡舒适的休闲氛围，打造融合自然、艺术及生活品位的江南园林式复合空间，为品

图 17　合理多样的绿植搭配

图 18　汀步小径配以繁密的绿植

图 19　宛如江南水乡般风味

图 20　园林照明

位之士雕琢繁忙生活里的心灵休憩之所。将客家人居“天地合一”的生存智慧发挥得淋漓尽致，青瓦石墙、古朴优雅，与温泉小镇一脉相承。

玖崇湖环山绕水，让宾客获得回归乡里的惬意与放松，全身心感受一段远离喧嚣、静以修身的休憩时光。入夜后，园林池灯点亮，让宾客有种身处日本虹夕诺雅轻井泽的即视感。

三、工程的特点和创新点

1. 工程特点

本项目的特点是在景观构造上以生态学理论为指导，遵循生态优先等原则，以再现自然，改善和维持园区生态平衡为宗旨，设计施工渗透海绵城市功能理念，充分考虑游客、住户对于绿地的需求，建设人工生态植物群落。在树种的搭配上，既要满足生物学特性，又要考虑绿化景观效果，绿化与美化相结合，树立植物造景的观念，创造安静和优美的人居环境。

2. 创新点一：采用一种新型园林喷灌装置

利用地库顶板蓄水系统建设，地上部分的园林景观，有绿化、园路、水景、水池、隐形消防通道、园建小品、屋顶排水系统和灌溉系统等组成。地下部分为海绵蓄水部分，由蓄水池、疏水层、地下盲管系统组成。

（1）雨水收集技术。屋面、路面、铺装、绿化多余的水通过地表自然坡度或排水沟、雨水井等雨水收集管道进入雨水蓄水池，并经净化处理后进行储存。

（2）雨水滞留技术。使用混凝土蓄水池作为防水结构，形成雨水滞留系统（即蓄水系统）。在暴雨时雨水流入，待雨洪过后再排到雨水排放口，也可通过灌溉系统对绿植进行灌溉，减轻城市雨水管网暴雨时的排放压力，有效防止暴雨带来的城市洪涝。

（3）雨水回用技术。蓄水系统存储的雨水，可用来进行草地灌溉、景观喷泉、景观湖补水、冲洗路面、冲厕等。

（4）雨水渗透技术。雨水被俘获后快速流入蓄水系统中，暂时滞留，经土工布回渗到地下，自然消散，同时土壤(和植物根部系统结合)帮助过滤和分解微观污染物，例如营养物、重金属和碳氢化合物。

3. 创新点二：采用一种生态湿地植物培养架

本项目基于海绵设计理念，在整套水系统的收集雨水途径上，地上部分的园路建设选择采用了新型环保仿花岗岩透水砖，该透水砖除了注重渗水功能外，还注重艺术性及生态性，且根据使用性质及空间特性可以选择不同质感、色彩、纹理和尺度的铺装，能够因地制宜设计出具有韵律与美感的景观园路。最重要的是该透水砖具有高透水性和高保水性的特点，能够实现快速透水、滤水，真正实现雨水下渗、回收、提高水循环的目的。

四、新技术、新材料、新工艺的应用

1. 新技术的应用

（1）海绵城市技术

海绵城市是指城市能够像海绵一样，在适应环境变化和应对自然灾害等方面具有良好“弹性”，下雨时吸水、蓄水、渗水、净水，需要时将蓄存水“释放”并加以利用。海绵城市建设将自然途径与人工措施相结合，最大限度实现雨水在城市区域积存、渗透和净化，提高雨水资源化水平，保护生态环境。本项目中应采用源头加末端综合控制调节，最大程度解决小镇自身雨水径流控制问题，使其满足海绵城市考核指标。结合小区绿地和景观水体设计了生物滞留设施、渗井等。屋顶采取雨落管和设置集水井等方式，将屋面雨水引入周边绿地内的小型滞留池，或通过植草沟、雨水管渠将雨水引入场地内的集中调蓄水设施中。另外道路路面排水也采用生态排水的方式，将海绵城市这一理念渗透到本项目的方方面面。

（2）为提高苗木成活率，节约投资成本，采取以下措施。

ABT-3 生根粉：采用 ABT-3 生根粉，对于常绿针叶树种及名贵难生根树种的快速生根，提高成活率具有明显效果。

KD-1 型保水剂：采用 KD-1 型保水剂加强土壤的储水保水能力，提高苗木的成活率。

抽枝宝：抽枝宝是当前果树栽培中最新技术成果，特别对较名贵树种但又抽枝困难的苗木，有明显促枝效果，在园林树木移植中也可使用。

微喷应用：为了提高移植树木成活率降低成本，在树冠部位均匀布设微喷，喷头可结合喷灌的安装，预留出微喷装置。

2. 新工艺的应用

（1）根据以往石板出现的泛碱现象，对水体部位的铺装材料做了防泛碱处理，主要为以下几种方式：

石板安装前，在石材背面和侧面涂专用处理剂，该溶剂将渗入石材堵塞毛细管，使水、氢氧化钙、盐等物质无法侵入，切断了泛碱现象产生的原因。

在石材板底涂刷树脂胶，再贴化纤丝网格布，形成抗拉防水层。侧面也需做涂刷处理。

在铺贴好的完成面上再均匀涂刷两遍树脂胶，杜绝出现拼接缝隙的泛碱现象。

（2）透水砖的铺砌对工艺要求较高，一旦疏忽就容易出现面不平整，分格缝、砖缝不匀、不直的质量问题，故其施工工艺要严格按照以下步骤：

基层处理：使用定型组合钢模板现浇的混凝土面层，应光滑平整，如附着有脱模剂，易使粘贴在混凝土面层的砖发生空鼓脱落，可用10% 浓度的碱溶液刷洗，然后用 1：1 水泥砂浆刮 2~3mm 厚腻子灰一遍。为增加粘结力，腻子灰中可掺水泥质量 3%~5% 的乳液或适量107 胶。

中层处理：为保证表面平整，中层抹灰必须具备一定强度，不能用软底铺贴。

拌和灰浆：结合层水泥浆水灰比以 0.32 为最佳。在拌和前除了交待理论水灰比和体积配合比外，还要强调“不稀稍稠”。

武平县兴贤坊传统文化街区

——常熟古建园林股份有限公司

设计单位：浙江城建规划设计院有限公司
施工单位：常熟古建园林股份有限公司
工程地点：福建省武平县
项目工期：2018年8月29日—2020年9月18日
建设规模：13787平方米
工程造价：7855.12万元

本文作者：崔文军　常熟古建园林股份有限公司　董事长、总经理
王　超　常熟古建园林股份有限公司　副总经理
袁　逸　常熟古建园林股份有限公司　研发部副经理

图1　兴贤坊传统文化街区北入口

一、工程概况

兴贤坊曾建于宋绍兴四年（1134 年），至今已有 800 多年的历史。2016 年，武平县委、县政府规划重建以文庙为核心的兴贤坊传统文化街区，以进一步彰显武平千年文脉，挖掘武平历史古迹，汇聚武平文化名宿。规划重建后，古宅、古井、古城门、古书院尽收眼底，老民俗、老味道、老手艺、老把式、老家什应有尽有，武平兴贤坊厚重的历史文化再焕异彩、活力新生。

武平兴贤坊传统文化街区位于武平县城中心区域，总建筑面积近 14000 平方米（其中建筑面积 6000 平方米），由兴贤牌坊、文庙、梁山书院（红四军前敌委员会旧址）、南安门、三段岭井、棋园、梨园等多处文化印记共同组成，核心街区占地约 2000 平方米（图 1~ 图 20）。

图 2　古城墙南安门

图 3　南门口牌坊

图 4　兴贤楼

图 5　文庙大成殿

图 6　梨园

图 7　景墙

图 8　照壁

图 9　文庙棂星门

图 10　文庙泮池

图 11　梨园外围

图 12　梨园后门

图 13　文化长廊

图 14　文化街肆 1

图 15　文化街肆 2

图 16　旱喷水池

图 17　客家传统民居

图 18　管理用房

二、工程理念

本工程旨在以修复兴贤坊传统文化街区为纽带，连接城市的过去、现在和未来，使城市的传统文化、特色文化得以进一步传承和弘扬。按照“保护文脉、建新如旧、文旅融合、打造精品”的思路，充分挖掘武平千年古县的历史记忆，增强文化气息、丰富城市文化内涵，力求把该项目打造成为武平文化旅游的一张新名片、融入全域旅游的一个重要地带、文化交流的“会客厅”、传承和弘扬传统文化的关键纽带、五“古”丰登的传统街区。

该项目核心区布局“一核两翼”“三街九巷”“四区十五点”，其中，“一核”为文庙和梁山书院组成的庙学空间核心；“两翼”是东南文化街肆翼（热闹）、西北古城乡愁翼（静逸）；“三街”指文昌街、崇文街、崇正街；“九巷”为兴魁里巷、大水圳巷、观音堂巷、三官堂巷、三官西巷、考棚巷、李屋巷、三公巷、林屋巷 9 条历史巷道；“四区”指“庙学合一”崇文传统弘扬区、“文物保护”历史源流展示区、“文化街肆”民俗风情体验区、“老巷安居”市井生活感知区；“十五点”指文庙、梁山书院（清代书院）、三段岭井（宋代古井）、南安门（宋代古城门）、大夫第（清代民居）、国学馆、祺园、梨园、兴贤楼、兴贤牌坊、客家美食街、武平民俗工艺馆、游客中心、滨河文化公园、修齐广场 15 个主要景点。

三、工程的重点及难点

（1）本工程点多面广，牵涉专业较多，因为当地客家建筑风格的特殊性，使用材料、建筑风格、细部做法等均经设计、业主、监理与施工多方反复论证和不断优化。

（2）本工程建筑密度大，周边是密集的居民区，为了保证施工主干道畅通，材料及时批量进场，施工主干道、材料堆场根据实际情况制定现场布置及主管道变更方案。

（3）地下室土方开挖后冒水量大、水位高，又是沙层，根据原基坑围护施工图的排水方法，开挖集水坑及电梯井坑时，产生大量流沙，水无法排干。施工根据现场实际情况，结合地下室降水施工方案（含《地下室基坑内降水井封堵方案》）实施降水措施。

（4）本工程地块地质差（设计高程的持力

层在淤泥层上），除地下室区域，其余单体建筑基础都要超挖并采用毛石混凝土满堂浇筑的方法处理。

（5）2019 年、2020 年上半年项目所在地雨天较多，项目的室外作业如斜屋面工程、外墙青砖清水墙、外墙木作装饰、木作油漆、室外铺装、室外管网等施工阻力较大。

（6）崇文街、崇正街原居民的出入通道增加较多管网。场地狭小，需考虑原居民门口出入，故采用分段开挖回填硬化铺设。

四、工程特色

本项目施工内容包括仿古建筑、大面积铺装、水池、景观绿化等，对木材、石材、油漆、门窗等材料的选用，景观搭配，整体效果协调一致等方面要求高，对施工的质量提出很高的要求。

木结构加工的全过程由“香山帮传统建筑营造技艺”非物质文化传承大师蒋云根等人指导监督完成，体现了非遗传承大师的匠心营造技艺。建筑木构件的加工过程中使用了 BIM 技术，结合数控机床进行加工，提高了加工精度和效率，保证了木构件质量和品质，同时避免了现场作业的场地局限、环境污染、效率低等问题。

对现有古建筑木结构节点榫卯连接处采用 FRW 有机阻燃剂全覆盖喷涂工艺，使节点榫卯构件达到耐火极限，确保榫卯节点处在恶劣环境下不松动、不变形，既不影响古建筑的原貌，又可通过处理局部达到保护整体建筑的目的，是确保木结构古建筑着火后保持原状、延缓坍塌的有效措施。

施工过程中使用水准仪、全站仪、经纬仪等测量设备和测量技术，完成相应的定位放线、梁柱及木构件装配、吊装、屋面作业等一系列施工。

本工程为不上人平屋面，屋面保温层的保温材料均有合格证，卷材有质量保证书。屋面蓄水无渗漏现象。铺贴防水卷材时，适当拉伸，以免使卷材长期处在受拉的应力状态，导致卷材老化。屋顶外大多呈现曲线，采用小青瓦铺设。屋面造型多变是兴贤坊一大亮点。

兴贤坊有两处牌坊，一是采用“不出头式”四柱三间的青石牌坊，中间额枋有“兴贤坊”三个大字，主楼和次楼均采用斗拱连接，使建筑出檐深远，更显雄伟大方；二是采用“冲天柱式”六柱三间的石牌坊，体现出儒家文化的深厚底蕴。

五、新技术、新材料、新工艺的应用

1. 新工艺的应用

（1）木质栏杆固定结构

在仿古建筑栏杆施工过程中，按照公司实用新型专利“一种古建筑木质栏杆固定结构”（专利号：201520718606.9），在基层内设置预埋件，其预埋件包括截面形状呈两个相对设置的钩状的卷曲部和卷曲部上方的连接部。木质栏杆通过螺栓固定在预埋件上的固定板，保证木质栏杆在使用过程中稳定牢固，明显增强了安全性能。

（2）檩条及木柱的固定结构

在木结构施工过程中，按照公司实用新型专利“一种仿古建筑的檩条及木柱的固定结

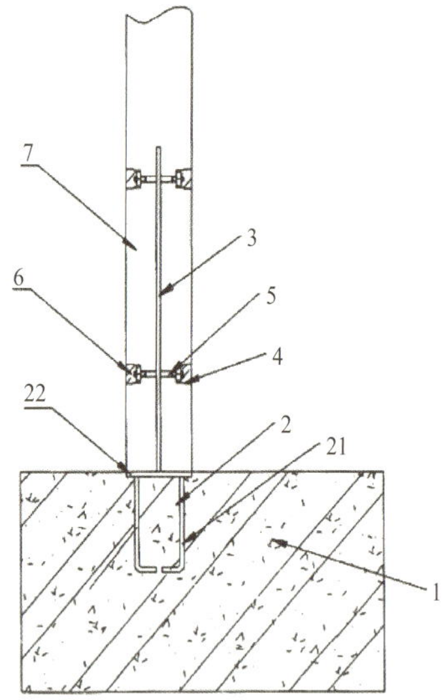

图 19　木质栏杆固定结构构造图

1—基层；2—预埋件；3—固定板；4—通孔；5—螺栓；6—原木塞；7—木质栏杆；21—卷曲部；22—连接部

构”（专利号：201520718672.6），在檩条和木柱一侧设置一个基座，檩条和基座通过螺栓连接，木柱上方设置有截面为半圆形的放置槽。此方法既简化了檩条及木柱的固定结构，又保证了檩条和木柱的牢固程度，加强了整体稳定性。

（3）木构件抗震性能改进

将钢质抗震构件与传统木构架通过螺栓可靠连接，形成一个整体，一方面降低了地震传至上部结构的作用力，起到隔震作用，以抵抗水平外荷载作用下的结构倾覆；另一方面减小了地震中结构产生整体倾覆的可能性，增加了结构的安全度。

2. 新材料：节能保温门窗的使用

为满足建筑的节能保温要求，克服传统木结构门窗节能保温方面的缺陷，本工程内侧采用仿木纹铝合金推拉窗，外窗采用木格栅窗，门采用木格栅门（镶钢化安全玻璃）及防火成品门，外观上符合传统门窗形制，在性能上优于传统门窗，完全满足门窗的四性要求。

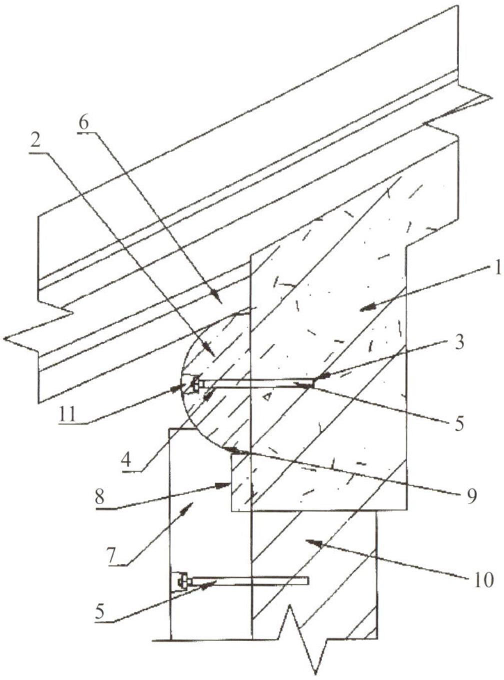

图 20　檩条及木柱固定结构构造图

1—基座；2—檩条；3—螺栓孔；4—安装孔；5—螺栓；6—木椽；7—木柱；8—放置槽；9—垫板；10—木梁；11—原木塞

项目荣誉：

本项目获常熟市省外“虞山杯”。

贵阳市息烽县城市生态环境综合整治提升工程（一期）

——成都环美园林生态股份有限公司

设计单位：岭南园林设计有限公司

施工单位：成都环美园林生态股份有限公司

工程地点：贵州省贵阳市息烽县

项目工期：2018 年 1 月 31 日—2019 年 11 月 23 日

建设规模：约 40 万平方米（其中绿化面积约 30 万平方米）

工程造价：82490.08 万元

本文作者：杨　龙　成都环美园林生态股份有限公司　工程师

李高飞　成都环美园林生态股份有限公司　工程师

宋凤琼　成都环美园林生态股份有限公司　助理工程师

图 1　息烽农业嘉年华主线景观节点 1

一、工程概况

图 2　息烽农业嘉年华主线景观节点 2

贵阳市息烽县原地貌自然坡地，植被破坏严重，土壤被自然降雨冲刷出多条沟壑，安全隐患极大，严重影响了当地自然环境、环境面貌。为了改善本地自然环境面貌，同时通过多次生态及景观专家组织调研，在此处建设景观工程，以修复和美化破损严重的景观，打造成新的旅游名片。

贵阳市息烽县城市生态环境综合整治提升工程（一期）项目乔灌木栽植约 26000 株，地被栽植约 20 万平方米，园路铺砖 50483 平方米，公共卫生间 4 座，景观塔 1 座、管理房 1 座、给排水及弱电约 7000 米，塑石假山 12500 平方米、塑胶地坪 3428 平方米、景观廊亭 6 座、景观雕塑 5 组、迷宫 1 座、栏杆 888 米、玻璃钢船 2 只。工程签约合同总价：82490.08 万元（图 1~ 图 13）。

图 3　息烽农业嘉年华主线景观节点 3

图 4　农业嘉年华景观塔节点

图 5　小南海入口景观挡墙

图 6　小南海湿地景观节点

图 7　小南海湿地塑石假山

图 8　小南海湿地生态木栈道节点

图 9　小南海湿地

图 10　永靖大道景观

图 11　永靖大道景观节点

图 12　小南海节点

二、工程理念

本工程以息烽县的红色革命文化背景为基础，通过提升园林绿化、景观构筑、服务基础设施等内容，展示城市新形象，述说息烽红色记忆历史故事。

本项目栽种了大量地被，进行了景观改造，着力提升村容村貌，持续改善了县城人居环境，建立健全整治长效机制。围绕县城垃圾治理、生活污水治理、厕所革命等主题开展农村人居环境整治行动，全面提升农村人居环境质量。

本项目全面推进县城绿化，选用了大量本地植被与景观植被相搭配，建设具有地方特色的绿化景观。

项目提出要实施重要生态系统保护和修复重大工程，制定重要生态系统保护制度，健全生态保护补偿机制，发挥自然资源多重效益，并围绕湿地保护与修复、重点流域环境综合治理等实施县城生态保护与修复重大工程，促进县城生产生活环境稳步改善。

图 13　嘉年华主线、小南海线景观节点

三、工程的重点及难点

1. 一环 五区 三特色

以小南海湿地项目为例，主要通过一环五区（湖泊湿地区、溪流湿地区、农耕文化区、山花灿漫区、果园采摘区），实现项目的整体布局。

丰富的景观类型（湖、泉、瀑、山、草、田、花、果八大景观类型）、多样的活动功能（观湖平台、游船码头、滨水草坪、乡村迪士尼、农耕花园、亲子乐园、梯级花田、生态果林）及多彩的植物空间（湿地、草坡、花境、花田、国林、花山、草坪、农田、花树等）使项目既有观赏性及参与性、特色文化性等。

2. 一海融四季 四季不同花

本工程通过多样性植物搭配，一年四季花开不断，一季一景观。湿地湖区主要以多年生花卉、观赏草、荷花为视线开放观赏区；农耕文化区主要栽植枫树及海棠，溪流湿地主要栽植杉类及水生花卉；栽植樱花、梅花、玉兰及观叶开花地被；山花烂漫；果园采摘区主要栽植桃花，春季观花，入秋采摘趣。

3. 多彩文化 魅力息烽

以龙泉大道景观为例，以息烽县的红色革命文化背景为基础，通过提升园林绿化、景观构筑、服务基础设施等内容，展示城市新形象，述说息烽红色记忆历史故事。

本工程在充分保证行车安全的前提下，配置观赏价值高、有地方乡土特色的植物，并与街景、高架、立交、红色文化结合，打造多层次空间及色彩的城市快速干道的立体景观风貌，追忆峥嵘历史，珍惜美好生活。

根据项目工期要求和现场情况及工程特点，充分利用现场有利条件，合理安排作业面和进度，做好施工部署，并在人力、机械设备、材料、技术上提供有力保障，做到集中优势、合理布置、重点突破，达到保质、按期完成。

四、新技术、新材料、新工艺的应用

在本工程施工中坚持重视科学，认真推行将科学技术转化为生产力的方针，结合工程实际情况，指定专人抓好此项工作。结合本工程的特点，在施工过程中推广使用科技成果，除此之外，我们还结合本工程的施工实际，努力探索新的施工技术，总结新的施工工艺，应用新的建筑材料和新机具。

1. 环保生态木的应用

环保生态木是一种专利技术，是一种“Greener Wood 木塑合成材料”比原木更经济环保，更健康节能的新型材料。主要由木基或者纤维素基材料与塑料制成复合材料，结合了植物纤维和高分子材料的诸多优点，可大量替代木材，有效地缓解森林资源贫乏，木材供应紧缺的矛盾。

2. 海绵城市理念及技术的应用

生态优先的理念体现在道路铺装上。贵州地区雨水较多，特别是到了梅雨季节，连绵不断的阴雨，往往会使路上积满雨水。为有效改善这一状况，项目大部分道路，采用透水混凝土材料，引入海绵城市理念，充分考虑雨水下渗和净化作用，设置下凹绿地，使场地具有一定的保水能力，有效降低下雨时的峰值，避免道路积水情况的出现，为居民提供更好的出行条件。

吉安庐陵人文谷

——金光道环境建设集团有限公司

设计单位：吉安市建筑设计规划研究院

施工单位：金光道环境建设集团有限公司

工程地点：吉安市庐陵新区吉安大道与吉祥路交叉口

项目工期：2015年1月30日—2019年12月15日

建设规模：46110.7平方米，其中绿化面积13570平方米，古建面积30571平方米

工程造价：13111万元

本文作者：熊小华　金光道环境建设集团有限公司　副总经理

图1　庐陵人文谷牌坊

一、工程概况

庐陵人文谷打造了明代状元街、清代钱市街、民国甜爱街三大街区，状元楼、关帝庙、甜爱楼，庐陵秀场、博物馆、吉安老城记忆馆等仿古建筑与三大街区连成一片。在里面学国学、拜师礼、发蒙礼、成年礼、抄文天祥状元试卷、读欧阳修宰相诗篇、学习书画庐陵先贤井冈励志诗句和游览吉安名胜古迹等（图 1～图 16）。

图 4　关帝庙——关羽忠勇仁义、正义的化身

图 2　古色古香明清建筑街景

图 3　庐陵人文谷老街

图 5　状元楼——庐陵 17 位状元

图 6　金榜题名魁星阁

图 7　甜爱楼嫁女抛绣球

图 8　庐陵人文谷一角

图 9　庐陵人文谷休息长廊

图 10　屋顶翼角

图 11　人文谷码头

图 14　欧阳修与他的门生苏洵、苏辙、苏轼三父子的群雕像

图 12　庐陵人文谷临后河绿化景观，地面绿草青青，树木葱茏

图 15　地下停车场入口

图 13　王阳明与聂豹、邹守益、欧阳德、罗洪先等庐陵先贤的群雕像

图 16　庐陵百工图——画面生动活泼，富有浓厚的地方特色

二、工程理念

“看得见山，望得见水，记得住乡愁”。庐陵人文谷项目体现了对庐陵文化的传承与发展，对提升吉安市的城市形象将做出积极的贡献。

庐陵人文谷中建筑整体中轴对称，随处可见攒顶转角的木质结构建筑，钟楼的门扇和窗雕镂精美，体现明清时期盛行的装饰特点。各处建筑墙壁上的砖雕、基石栏杆上的石雕、金银铜铁等建筑饰物，雕饰精美，惟妙惟肖。

在庐陵人文谷内，随处可见榫卯的存在。在施工中将木材的应用发挥到极致，对房屋的木构件梁枋、天花、藻井，门、窗、格栅几乎所有的木材构件都进行加工，使它们具有结构和装饰两方面的作用。

三、工程的重点及难点

（1）由于本工程靠近古后河，地下水位高，枯水季节水平面比地下室底板高 1 米左右，抗浮系数大，所以本工程底板、顶板均采用预应力钢绞线进行施工，施工工艺复杂，难度系数大，穿线、布线都要严格按照规范要求进行。

（2）本工程的基础是预应力筏板基础，对于预应力施工来说，钢绞线要穿过承台下部钢筋是一个很费时间的工作，而施工图纸上面承台比底板还往下低 50cm，并且承台四周当时设计的时候是斜面，对预应力施工造成一定程度上的困难，所以经各方沟通，把承台斜面做成垂直面，改进了施工程序。

（3）结构类型为全现浇框架结构。

（4）仿古建筑外立面构造复杂，不易施工，加大二次结构工程量。

（5）本工程存在高大支模，因此制定了专项施工方案，并通过了专家论证后实施。

（6）工期较紧，资源利用相对集中，资源调节、协调的空间较小。

（7）施工期历经春节，冬期施工投入较大，钢筋的保护和混凝土结构施工均有较大影响，因此对施工组织管理提出了更高的要求。

（8）本工程各类安装工程众多，尤其在土建结构施工阶段的安装埋管、留洞、预埋件数量多，工作量大，要求高，土建施工、装饰装修施工及机电安装各工种交叉作业多，对总承包方的组织、协调及管理能力提出了很高的要求。该项目在结构浇捣及填充墙砌筑阶段，所有套管、箱盒及管线等预埋件紧跟结构进度，密切配合，做好定位、敷设、看护工作。机电安装施工人员和土建方积极配合，定位正确，做好各工序的衔接工作。

四、新技术、新材料、新工艺的应用

（1）钢筋混凝土防腐加固装置

在施工时研发了混凝土防腐加固装置，该装置包括主体箱、喷洒箱注水口、传动轴、电机、无线信号接收模块、固定锚、测距仪、螺纹杆、喷洒口、进水管、电磁阀、水箱、水泵、水位仪、出水管、电磁阀、遥控器天线、触控屏和开关。这种钢筋混凝土防腐加固装置具有远程控制、无线信号收发、自动喷洒防腐剂的优点。公司对该装置申报了实用新型专利，专利号：ZL201921536366.5。

（2）建筑施工钢筋折弯装置

钢筋施工中，为了提高工作效率及安全操作性能，我们运用了建筑施工钢筋折弯装置，该装置包括桌面、支架、操作箱、滑动槽、移动杆、管道、折弯机、固定柱 a、转动盘、固定柱 b、固定盘、电机、触控操作屏、处理器、开关和蓄电池。该装置结构简单，通过管道防护，避免工作人员在进行钢筋弯曲时受伤；通过滑动槽与移动杆配合滑动，便于使钢筋移动；通过触控操作屏控制，便于使钢筋实现自动折弯；通过蓄电池储电，便于在断电情况下正常工作。我们申报并取得了实用新型专利，专利号：ZL201921536217.9。

（3）建筑外墙的装饰新型保温方法

保温施工时，我们通过与井冈山大学共同合作，研发了一种建筑外墙的装饰新型保温方法。该方法采用包括隔板、滑槽、第一固定机构、墙板、固定框、第二固定机构、加强机构、涂胶机构、保护机构和进水孔固定框的两个侧壁固定连接挡板，可防止密封胶浪费。固定框侧壁磨砂处理，可以增加密封胶与固定框连接的牢固性。该方法增加了对墙板的固定效果，黑板的设置减少了光污染，安装板表面开设进水孔，雨天进水孔蓄水，高温时可小幅度降低室内的温度。该技术的应用大大提高了经济效益，取得了明显的效果，获得业主单位一致好评，对该方法申报并取得了国家级发明专利，专利号：ZL201810430010.7。

项目荣誉：

本项目获吉安市优良结构工程奖。

岭南新世界三区 A1-A7 栋二标段园林景观工程

——朗迪景观建造(深圳)有限公司

HISTORIC BUILDING GARDEN

设计单位：广州普邦园林股份有限公司
施工单位：朗迪景观建造（深圳）有限公司
工程地点：广州市白云区白云大道北岭南新世界小区
项目工期：2017 年 11 月 1 日—2019 年 7 月 30 日
建设规模：总面积 32500 平方米，其中绿化面积 6593 平方米
工程造价：1139.91 万元

本文作者：陈冬霞　朗迪景观建造（深圳）有限公司　总工程师
陈文娜　朗迪景观建造（深圳）有限公司　项目经理
石　根　朗迪景观建造（深圳）有限公司　执行经理

图 1　该项目承接工程范围是二至五层铺装及绿植，以五层到四层为主

一、工程概况

广东省广州市岭南新世界三区发展项目A1-A7栋二标段（二至五层）园林景观工程，位于广州市白云区白云大道北岭南新世界小区。

工程内容包括楼面土方回填、混凝土地面结构、地面铺装、木塑平台、台阶、安全胶垫、园路、枯山水、四五层连廊桥、特色座凳等环境配套设施；泳池坡道、钢桥、泳池铺装、特色水景墙、特色树池、回填种植土、地形塑造、乔木、灌木、地被、草坪的种植、养护；园林给排水工程、电气工程以及相应的设施配套工程；排水板、暗沟、明沟、PVC排水管网的施工；园林给水系统、幕墙清洗给水系统、泳池循环水系统，园林照明系统、背景音乐系统等（图1~图20）。

图2　五层2万多平米的大型天台，一切园林景观从此开始

图3　从上面连廊缓缓走下来的栈道，两旁是迷人的植物

图4　天台上也可以营造出休闲的林荫小径

图5　路的傍边是巨型的通风口，巧妙的装饰后就像一道景观

图6　天台上的草坪、乔木、灌木种植配置

图7　乔木下面配置了儿童游乐设施

图8　配置的成人休闲健身设施

图9　四层楼宇之间也由连廊连接，旁边配置阴生植物

图10　从四层看栈道也是一道景观

图11　别具一格的连廊，从五层楼梯间走出来可一直通往下一层

图 12　楼梯间出口的连廊，约 100 米即可到达下一层（四层）

图 13　连廊还有分叉，一条直接通往四层室内大厅，一条通往室外景观

图 14　五层天台上营造的游泳池，让业主足不出户就可以在自己门口健身娱乐

二、工程理念

坚持“为客户服务”理念，依靠自身较强的技术力量和具有丰富实际经验的团队，制定最佳方案，采用新技术、新工艺、新材料，并且在施工过程中加强管理，采取有效措施，严

图 15　造型别致的休闲游泳池

图 16　四层塑胶小径代替了传统的石材铺装，让人散步时备感舒适

图 17　楼面也有一个宽如地面的平台

图 18　室内活动空间与外面景观无间隙，路面的排水采用了我们的专利技术

图 19　园路小径配上和谐的地被，植物丛中隐藏着我们的专利（地下除虫器），使植物更加健康的生长

图 20　EPDM　弹性地垫材料代替瓷砖铺贴，色彩艳丽，地面柔软，行走更舒服

格控制关键环节。在楼面上以自然土地植被、泳池、绿色植物的现状取代硬质铺装，设置儿童游乐设施，成人健身设施，让业主远离喧哗也可以得到一个小型的悠闲娱乐环境，体现了以人为本的宗旨，达到了预期效果，获得业主及建筑师的一致好评。

三、工程的重点及难点

1. 工程重点、难点

（1）本工程重点是土方回填和材料运送。全部材料由吊车将材料吊到五楼天台上，吊运点少，楼上二次运输距离远，工程量大。

（2）夏天高温多雨偶有台风，工程位置位于五楼，约 20 米的高空天台上，对施工及植物养护有很大影响。

2. 应对措施

及早做好材料的订购工作，确保材料及时进场不影响施工进度，铺装时严格按照图纸及施工规范进行施工。由于吊车的工位少，吊运量巨大，特别是土方回填部分，需要吊车日夜工作。同时，采用小型铲车等运输机械到天台周转运输。选用有丰富经验的施工队伍，确保工程质量。

3. 雨期施工措施

（1）编制雨期施工方案，安排好施工项目，备足雨期施工材料和防雨防高温物品。

（2）种植材料存放在搭设的防雨棚、防高温棚，以免植物淋雨、日晒、被风吹倒。

（3）做好物资设备的防淋、防湿、防日晒工作，对机电设备做好覆盖，防止设备生锈和线路漏电。

（4）搞好工地排水系统，并确保排水系统畅通，减少雨季高温季节对施工的影响。

（5）施工人员雨期施工时必须穿雨衣、水鞋、安全反光衣等物品，高温的季节做好防暑降温措施。

四、新技术、新材料、新工艺的应用

本工程广泛应用新技术、新工艺、新材料，充分发挥科技在工程施工中的效用，有效地促进生产力的提高，降低工程成本，减轻工人的操作强度，提高工人的操作水平和工程质量。

1. 新技术的应用

（1）一种路面排水结构。

专利号：ZL201621282835.1。

应用：现有路面排水集水井包括盖板及漏水板，缺点在于当水流量较大时排水缓慢，我们对此进行了改良，扩大排水口的整体面积，保证排水效率，同时由于每个排水口的宽度并不大，挡污板具有较好的挡污性。

（2）园林灌溉的微喷应用。

微喷系统是近几年利用国内外先进技术组装的新型节水灌溉设施，主要是利用水流通过低压管道系统以一定速度从特制的喷头喷出，在空气中分散成细小的水滴，洒落在作物及周围的地面上，从而达到增加空间湿度、及时补充水分的目的。微喷灌是近年来被广泛应用于农业灌溉和城市园林灌溉的技术。微喷灌技术节约成本增产效果显著，较喷灌相比，不会出现土壤板结、田间径流、水土流失、降低肥效等现象；与滴灌相比，不会造成植物根部含水过多易发病害和土壤积盐的现象。本工程为了提高移植树木成活率，在树冠部位均匀布设微喷，喷头可结合喷灌的安装，预留出微喷装置。

（3）一种用于绿化养护的除虫装置。

专利号：ZL20162128072.9。

应用：此技术为植物除虫装置，包括外管体、置于外管体内的管套、插装在所属管套上并且带有杀虫药剂的管芯、固定在外管体端部上的土盖以及与所述土盖扣接的封闭盖。本装置的除虫药剂置于管内并且埋于地下，既环保又不会对人体健康产生影响。

2. 新工艺的应用

采用新技术措施，提高苗木成活率。

（1）加大树穴。使用挖掘机和人工相结合的办法挖树穴，既提高了工作效率又加大了树穴蓄水能力，提高了苗木的抗旱能力。

（2）地膜覆盖。在冬季苗木栽植完毕，灌两遍透水后，及时封穴，并用地膜覆盖树穴，既提高地温又减少根部水分蒸发，减少了植物由于物理性干旱所造成的死亡，有效提高苗木的成活率。

（3）设置风障。由于本地区进入冬季后风较大，为避免树木倾斜倒伏，在风口处设置风障，进而提高成活率。

（4）设置排水沟或围堰。由于夏季雨水较多，因此在施工时应在苗木的四周设置排水沟和围堰，以防苗木被涝。

（5）树干保护。冬季前树干用湿草绳缠绕后，外面再覆一层地膜，既保温又保湿，可有效提高苗木成活率。

3. 新材料的应用

（1）EPDM 薄膜垫层

EPDM 薄膜是一种黑色柔性橡胶膜，厚度为 3~5mm，能经受温度 40~80 摄氏度，扯断强度＞ 7.35N/mm，使用寿命可达 50 年，施工方便，不漏水，特别适用于温差大的大型水池和屋顶花园用水池。建造 EPDM 薄膜水池，要注意衬垫薄膜与池底之间必须铺设一层保护垫层，材料可以是细砂（厚度 >5cm）、废报纸、旧地毯或合成纤维。薄膜的用量可视水池面积而定，不过要注意薄膜的宽度必须有 30cm 以上的余量。本工程主要将其用于水池及楼面回填土基础。

（2）EPDM 弹性地垫材料

EPDM 化学名为三元乙丙合成橡胶，是一种高科技化工产品，以乙烯、丙烯为原料，具有卓越的耐环境老化、耐热老化、耐臭氧性、耐化学介质性、耐水性和耐低温性，以及良好的弹性、电绝缘性、优异的色彩稳定性。亮丽、多样的色彩与优异的色彩稳定性赢得了广大用户的称赞，EPDM 塑胶场地外观清新、色泽柔和自然，顺应了国际上正日趋流行的塑胶跑道色彩多样化，而被广泛应用于体育运动场地中。

项目荣誉：

本项目获 2020 年广东省风景园林与生态景观协会科学技术奖园林工程（施工类）银奖。

知识城中部雨洪蓄调工程（一期）景观工程

——广州市园林建设有限公司

设计单位：广东省建筑设计研究院有限公司
施工单位：广州市园林建设有限公司
工程地点：广州市黄埔区
项目工期：2019 年 7 月 8 日—2020 年 12 月 18 日
建设规模：总面积 35 万平方米，其中绿化面积 31.65 万平方米
工程造价：10460.64 万元
本文作者：房晓峰　广州市园林建设有限公司　高级工程师
严圣承　广州市园林建设有限公司　高级工程师
谢彩凤　广州市园林建设有限公司　工程师

图 1　鸟瞰图 1

图 2　鸟瞰图 2

图 3　鸟瞰图 3

一、工程概况

知识城中部雨洪蓄调工程（一期）景观工程（标段一）位于广州市知识城，建设内容包括大面积硬质广场、亲水驳岸、亲水平台、疏林草地，给排水管道预埋、电气线管预埋等工程（图 1~ 图 13）。

二、工程理念

本项目在景观、小品、植物配置等方面都讲究艺术性，景观效果给人以美的感受。因此，工程无论是在设计方面还是在施工方面都达到了专业上的深层次要求以及对于园林艺术美的特殊要求，尤其是在改善生态环境的要求上更下足了功夫，实现了经济效益、社会效益、环境效益三者的有效结合。

三、工程的重点及难点

本工程建设规模大，各专业工种交叉作业，施工时间紧，施工分段多，质量要求高，弧线造型对构件成型的精度要求高，实施过程难度大。项目难点主要集中在公园主广场水舞广场和活力水岸广场。

工程过程中发生如下变更：

（1）为配合工程开展，对水舞广场地块进行了两次方案大调整。

（2）为配合市林业园林局全民义务植树工作，对植树活动沿线更换增加时令花卉，主入口至水闸主园路原透水混凝土调整为沥青。

（3）配合九龙湖中轴景观调整相关规划，停止不符合远景规划的建设施工内容，暂停给排水接驳及路口开设，取消未施工的硬质景观、节点建设及配套设施内容，包括城市家具及标示标牌、标识系统、室外消防火栓、配电主干线工程穿线、室外弱电工程、公园照明系统。

（4）根据园建、绿化工程变更内容，整体优化塑造地形。

（5）建设红线调整，增加原红线外花市停车场绿化、标尾与水利二标的交界地块绿化及加铺沥青混凝土路面、环湖路南岸绿化。

（6）施工红线内知识塔标用地出让，导致

图 4　主广场鸟瞰

图 5　主广场 1

图 6　主广场 2

主园路及周边绿化、管线变更调整。

（7）为规范统一支撑材料，确保景观效果，将本工程原设计的乔木支撑全部改为镀锌钢管支撑，优化支撑树体固定方式。

（8）为进一步提升环境，明确南岸景观的优化提升策略，对标尾至南岸的水利工程进行驳岸整理，并填土重塑地形，增加种植绿化；标尾拆除 3.5 米宽水利环湖路，新建 6 米园路；公园内增加厕所 1 座。

四、新技术、新材料、新工艺的应用

1. 雨水回收利用技术的应用

本项目在施工过程中将雨水收集后，经过雨水渗蓄、沉淀等处理，集中存放，用于施工现场部分绿化苗木的浇水以及混凝土试块养护用水。

图 7　码头

图 8　美丽异木棉

图 9　树池

图 10　主干道

2. 施工管理各项软件的应用

（1）采用项目计划管理软件，编制工程进度计划，并对施工进度进行跟踪管理，确保关键工序，并根据现场实际情况，对网络计划及时做出调整，保证施工工期达到预期目的。

（2）采用项目成本管理软件，对施工进行综合管理。

（3）使用财务软件，通过使用计算机进行财务处理，减少信息处理时间，使项目和总部对项目财务状况有详细的了解。

3. 流水施工的应用

本工程划分施工段进行流水施工，做到平面分段、立面分层、同步交叉，以最少的投入，合理优化劳动组合，连续均衡施工大幅度缩短工期。

图 11　广场局部夜景 1

图 12　广场局部夜景 2

图 13　漫步道

理塘县勒通古镇创 AAAA 级景区旅游扶贫项目（一期）生态环境建设设计施工总承包（EPC）

——成都环美园林生态股份有限公司

HISTORIC BUILDING GARDEN

施工单位：四川环美工程设计有限公司

设计单位：成都环美园林生态股份有限公司

工程地点：四川省甘孜州理塘县高城镇

项目工期：2018 年 4 月 29 日—2019 年 11 月 22 日

建设规模：35600 平方米（其中绿化面积 5000 平方米，古建面积 800 平方米）

工程造价：7487.21 万元

本文作者：黄秋兰　成都环美园林生态股份有限公司　高级工程师、设计总监

李子启　成都环美园林生态股份有限公司　工程师、技术工程师

蔡文平　成都环美园林生态股份有限公司　高级工程师、董事、副总经理

图 1　广场景观

一、工程概况

理塘县勒通古镇创AAAA级景区旅游扶贫项目（一期）生态环境建设设计施工总承包(EPC)主要工程量包括：新建停车场3650平方米、改造停车场6000平方米（主要标识标线）；人行道改造约4000平方米，街道改造约5600平方米，道路改造约1000平方米。环卫设施100个、风貌改造55栋、新建旅游厕所4个、绿化带及花池1500平方米、新建管理用房1个，游客中心改造420平方米；排水沟改建800米，河堤改造约1300米；排水工程3500米，给水工程1260米；电力管改造入地5600米，高压管网入地5600米、高压缆线改造入地3500米；弱电管网入地18500米（图1～图25）。

图2　街道景观1

图3　民俗文化展示馆

图4　文化特色围墙

二、工程理念

本工程通过环境整治、生态建设，最大限度地保持当地聚居地原有的自然景观及乡村风貌。对道路进行改造升级，管网综合布置，人行步道优化，村内建筑风貌改造，提升村内景观及核心文化资源的挖掘。通过栽植花草树木，使村落环境更加生态，使景观更加丰富。配套旅游公共服务设施、休闲凉亭、游客接待中心、公厕、停车场、咨询点、服务点、氧吧，使整个村庄联动统一，展现出现代特色旅游乡村的新气象。

本工程的建设突出“基础设施完善、人居环境优良、特色风貌鲜明”的新型城镇建设18字方针，逐步完善乡镇基础设施建设，通过对仁康古街布局优化、街面打造，增加历史文化节点、绿化、美化、环境净化为目标，以项目为抓手，着力实施村容村貌整治提升、生活污水处理设施提升、生活垃圾处理设施建设、完善康体娱乐设施和乡村旅游基础设施建设等工程，消除脏、乱、差，创造文明卫生环境。

图5　特色文化装饰墙面景观1

图6　特色文化装饰墙面景观2

三、工程重点及难点

本工程不同专业的施工队伍较多，各专业交叉作业多。工种多、施工作业面复杂，就决定了在施工程序安排和施工方法的选择上有较大的差异。合理调配项目人员，协调各专业工作进度，确定合理的施工顺序，做好与各不同专业施工的交叉平行作业，协调配合工作，确保工程顺利进行按期竣工。

图7　特色文化装饰墙面景观3

图 8　仁康古屋亮化景点

图 9　转经筒节点

图 10　街道景观 2

图 11　街道景观 3

图 12　特色文化古屋

四、新技术、新材料、新工艺的应用

结合本工程的特点，在施工过程中广泛推广使用科技成果，除此之外，公司还结合本工程的施工实际，努力探索新的施工技术，总结新的施工工艺，应用新的建筑材料和新机具。

1. 粗直径钢筋连接技术

直径 $D \geqslant 16$ 毫米的竖向钢筋采用电渣压力焊；水平钢筋直径 $D \geqslant 16$ 毫米的，采用窄间隙焊和闪光对焊，既能保证钢筋的连接质量又能节省钢材，同时又能提高综合经济效益。

2. 覆膜竹胶板应用技术

覆膜竹胶板应用技术能确保现浇楼板平整度及光洁度，达到清水模板效果。

3. 混凝土表面喷浆技术

混凝土表面喷浆技术能提高找平层与基体的粘结强度，避免抹灰层空鼓脱落。

4. 计算机推广、应用和信息化管理技术

在本工程的施工过程中，计算机技术的应用是项目管理最为先进高效的现代化管理手段，可以极大地提高效率，具有准确性、可靠性、可变更调整性和可追索性，可以有效而且有序地对工程的每一环节进行指挥、管理和监控，从而达到加快工程进度，保证工程质量、降低造价的目的。公司项目经理部在项目管理实施过程中，运用计算机技术对工程项目进行辅助管理，除基本的文档处理、财务核算、人事工资管理、计划管理、资料管理、合同管理等常规管理。我公司还以工程总承包项目管理模式为基础，在该工程实施中，综合运用现代信息技术，实现项目经理部内部信息的横向交流和数据共享，为项目管理和工程实施提供支持和服务。

5. 引进了新品种植被，持续改善农村人居环境

本工程引进了樱花、桃树、海棠、红叶李等新品种，使景观更加丰富多彩。配套旅游公共服务设施，使得整个县城联动统一，展现出现代新县城的新气象。

图 13　青年树屋景观

图 14　“精神堡垒”

图 15　千灯小巷景观

图 16　文化展示壁画

图 17　特色文化展示节点

图 18　仁康古街

图 19　咖啡馆

图 20　景区入口门廊

图 21　改造前后对比图 1（左：改造前，右：改造后）

图 22　改造前后对比图 2（左：改造前，右：改造后）

图 23　改造前后对比图 3（左：改造前，右：改造后）

图 24　改造前后对比图 4（上：改造前，下：改造后）

五、结语

公司全面推进县城绿化，建设具有乡村特色的绿化景观。全面完成县域乡村建设规划编制或修编；建立农村人居环境建设和管理维护的长效机制，鼓励专业化、市场化的建设和运行管理维护；推行环境治理依效付费制度；探索建立垃圾污水处理农户付费制度，完善财政补贴和农户付费合理分担机制等。

本工程对重要生态系统进行了保护，并修复了古建筑，建立重要生态系统保护制度，健全生态保护补偿机制，发挥自然资源多重效益；围绕河道的保护与修复、重点流域环境综合治理等实施乡村生态保护与修复重大工程，促进县城生产生活环境稳步改善。

图 25　改造前后对比图 5（左：改造前，右：改造后）

深圳龙岗区启迪协信科技园项目2.1期园林景观工程

——深圳市楷腾建业有限公司

HISTORIC BUILDING GARDEN

设计单位：深圳迪加希望城市景观设计有限公司
施工单位：深圳市楷腾建业有限公司
工程地点：广东省深圳市龙岗区
项目工期：2018年6月15日—2019年1月30日
建设规模：19.27万平方米
本文作者：辜少忠　深圳市楷腾建业有限公司　高级土木工程师、总经理

图1　工程竣工局部景观1

一、工程概况

启迪协信深圳科技园是深圳东进战略的首个园区启动项目，由龙岗区政府与启迪协信集团合作共建，占地 19.27 万平方米，计容面积 58 万平方米（其中 70%为研发办公，20%为商务公寓，10%为商业配套），总建筑面积约 83 万平方米，位于深圳市龙岗区龙城街道青春路与飞扬路交会处。深圳龙岗区启迪协信科技园项目 2.1 期园林景观工程由深圳市楷腾建业有限公司承建，主要施工内容是小区园林景观绿化工程、土方工程、硬景工程、软景工程等（图 1 ～图 20）。

图 2　工程竣工水景景观

图 3　工程竣工局部景观 2

图 4　工程竣工局部景观 3

图 5　工程竣工局部景观 4

图 6　工程竣工垂直绿化景观

图 7　工程竣工垂直绿化墙

图 8　工程竣工园建景观 1

图 9　工程竣工园建景观 2

二、工程理念

本工程是以满足住户的绿化、休闲等基本功能为基础，同时也提升了该园区的整体美观性。本工程以硬景工程与园林植物配置的相互结合，更加体现出园林的艺术性，给予人们一种视觉美的效果，并且该园林工程讲究园林植物配置、景观设施和构筑物的美观舒适以及整体景观空间的协调。本工程结合小区和周边实际情况，严格按设计方案施工，精益求精，其景观效果完全符合设计和合同要求。

三、工程的重点及难点

本工程的重点及难点在于：

1. 移植树木的栽植施工

根据移植树木的品种、树木生长地的四周环境、土质情况，地上障碍物、地下设施、移植路线施工的条件而因地制宜的进行移植，并且制定一套符合实情的科学养护管理措施，一年四季不间断地进行，其内容有灌水、排水、除草、中耕、施肥、修剪整形、病虫害防治、防风防寒等，确保移植的树木的成活率。

图 10　工程竣工局部景观 5

图 11　工程竣工局部景观 6

2. 因地制宜选择不同排水方法

园林植物在整个生命过程中不能离开水，但各种园林植物对水分的需要各不相同，有的喜欢湿润、耐水浸、怕干旱；有的耐干旱。总之植物在整个生命过程中不能缺水，缺水会造成植物过旱而影响其生命活动。但水分也不能过多，否则会使园林植物遭受水涝危害。利用地形坡度使雨水汇集，再通过沟、谷、涧、山道等加以组织引导，就近排入附近水体或城市雨水管渠。这样不仅经济实用便于维修，而且景观自然。

通过合理安排可充分发挥不同排水方法的优势，因此要因地制宜选择不同的排水方法。明沟排水：其断面形式有梯形、三角形和自然式浅沟，沟内可种植植物，也可任其生长杂草。管道排水：其优点是不防碍地面活动，卫生和美观，排水效率高。盲沟排水：适用于地下水位高的区域以及某些不耐水的园林植物生长区等，其优点是取材方便，可废物利用，造价低廉；不需附加雨水口、检查井等构筑物，地面上不留“痕迹”，从而保持了绿地草坪及其他活动场地的完整性。

四、新技术、新材料、新工艺的应用

1. ABT-3 生根粉的应用

本工程采用 ABT-3 生根粉，本生根粉对于常绿针叶树种及名贵难生根树种的快速生

图 12　工程竣工局部景观 7

图 13　工程竣工局部景观 8

图 14　工程竣工局部景观 9

根、提高成活率具有明显效果。

2. KD-1 型保水剂的应用

本工程使用 KD-1 型保水剂，加强土壤的储水保水能力，提高苗木的成活率。

3. 雨水收集系统利用技术的应用

对于雨水的利用技术可分为三个部分：雨水的收集、雨水的处理和雨水的回用。雨水的收集途径有：径流雨水通过室外雨水管网收集；绿地草坪果岭通过渗流进入雨水管网进行收集；景观水池直接收集降水作为贮备水，具有调节池的作用。

回收水通过过滤系统的净化处理，去掉固体颗粒及对人体有害物质，通过回用水处理站中的水泵进入整个小区的绿地浇洒管网，可以为草坪喷灌、道路浇洒以及景观水系提供用水。

项目荣誉：
本工程获得广东省风景园林与生态景观协会科学技术奖园林工程（施工类）银奖。

图 15　工程竣工局部景观 10

图 16　工程竣工局部景观 11

图 17　工程竣工局部景观 12

图 18　工程竣工局部景观 13

图 19　工程竣工局部景观 14

图 20　工程竣工局部景观 15

北京新机场生活保障基地首期人才公租房项目园林绿化及景观建设工程

——北京顺景园林股份有限公司

设计单位：广州普邦园林股份有限公司

施工单位：北京顺景园林股份有限公司

工程地点：北京市大兴区榆垡镇

项目工期：2018年6月15日—2019年9月29日

建设规模：80467平方米，其中绿化面积73355.9平方米

工程造价：2589.86万元

本文作者：张晓青　北京顺景园林股份有限公司　项目负责人
果　垒　北京顺景园林股份有限公司　技术负责人
杨　巍　北京顺景园林股份有限公司　技术经理

HISTORIC BUILDING GARDEN

图1　宅间区域

一、工程概况

北京新机场生活保障基地首期人才公租房项目园林绿化及景观建设工程充分发挥地块区域优势和现状自然优势，定向量身打造高品质人才公租房，为大兴机场工作人员提供良好的生活空间，是大兴国际机场顺利运行的有力配套保障之一（图 1 ～图 12）。

表 1　技术经济指标

景观面积	绿地面积	铺装面积	植物种类	乡土植物种类
80467 平方米	57095 平方米	23372 平方米	43 种	41 种
绿地占比：70%		铺装占比：30%	乡土植物占比：95%	

图 2　入口形象大门

图 3　入口景墙

二、工程理念

（1）充分利用地块区位优势和现状条件，在邻近大兴机场的位置，打造媲美商品房的高品质人才公租房，定向提供给在新机场工作的民航员工。

（2）充分利用地块的自然优势，在附近林地边缘打造生态社区，保留林地原始风貌。

（3）充分考虑地块土质及气候条件，在社区统筹规划雨水收集系统，采用透水材料，以保证健康生态社区的良性循环。

（4）运用生态群落原理，选用乡土树种，打造适宜本地气候的生态植物景观。

（5）在考虑植物景观观赏价值的基础上，

图 4　庭院

图 5　庭院草坪

图 6　下沉庭院 1

充分考虑植物生长的空间要求，给出适宜植物未来 3 ～ 5 年的生长延伸空间。

三、工程的重点及难点

本工程综合性强，规模大，要求高，交叉作业量大，施工工期短，根据施工图纸内容并结合现场踏勘分析本工程存在如下难点，针对以下难点，在施工前做了细致的分析，并制定了相应的解决方案：

（1）现场不具备一次性提供所有施工作业面的条件，同一作业区域内施工队伍多，阶段性施工工期短，交叉作业面大，成品保护困难；

（2）存在诸多隐蔽工程，质量控制难度较大。

我公司在此项目施工过程中采用了科学施工组织，规模化、高效化、一体化的现代管理例模式，提出了实行分区管理的措施，并根据每个单位工程的特点，编制了相应的施工方案，在此施工过程中对施工进度控制、质量控制发挥了极大作用，在整个施工过程中减少一些不必要的浪费，降低成本，取得理想的经济效益。其中在施工过程中定期进行经济活动分析：每周进行一次材料供应和施工活动经济分析，找出问题，提出改进方案，在未来的工作中进行整改。

四、工程的创新点

1. 小青砖的地铺形式

重新排版，避免出现碎砖角；基层清理，

弹线放线；小青砖试铺；席编形铺装；拼缝扫沙处理。

2. 透水砖的地铺形式

重新排版，避免出现碎砖角；基层清理，弹线放线；透水砖试铺；工字形铺装；拼缝扫沙处理。

3. 采用乡土树种

采用乡土树种，提升苗木成活率减少后期苗木养护成本，避免不必要的资源浪费。栽植方式保证舒朗的种植密度，给苗木充分的生长空间。

4. 雨水收集调蓄系统

收集调蓄天然雨水，合理回收利用；对收集的雨水进行过滤处理；保障种植排水良好，促进苗木成活。

五、新技术、新材料、新工艺的应用

本项目采用了以下专利技术：

（1）一种具有雨水收集利用的功能型景观绿地（专利号：ZL2018 2 1950466.8）。

（2）回旋升降喷灌装置（专利号：ZL 2014 1 0480989.0）。

（3）一种自吸式树木根系供水系统（专利号：ZL 2017 2 1899555.X）。

（4）中心广场应用了自有专利：一种具有水质净化功能的木栈道（专利号：ZL 201821950491.6）。

（5）假山跌水区应用了自有专利：园林假山结构（专利号：ZL 201620178599.2）。

图 7　下沉庭院 2

图 8　入户空间

图 9　幼儿园

图 10　健康跑道

图 11　活动运动场

图 12　儿童活动区

合巢经开区金巢大道、北外环路边坡景观绿化及提升工程

——安徽腾飞园林建设工程有限公司

设计单位：上海新建设建筑设计有限公司

施工单位：安徽腾飞园林建设工程有限公司

工程地点：安徽省合肥市合巢经开区

项目工期：2017年5月27日—2018年8月26日

建设规模：51048.8平方米

工程造价：1137.43万元

本文作者：吴福升　安徽腾飞园林建设工程有限公司　主任

图1　菱形拼接种植

一、工程概况

合巢经开区金巢大道、北外环路边坡景观绿化及提升工程位于安徽省合肥市合巢经开区（巢湖东北部），其施工范围包括：金巢大道景观绿化及提升工程，金巢大道2700米，位于巢湖市东北部，人行道主要种植香樟；北外环路边坡景观绿化及提升工程，北外环路2800米，位于巢湖东站，两侧种植细叶芒、矮蒲苇、玉带草等观赏野草等，整理绿化用地总面积达51048.8平方米（图1～图20）。

图2　菱形种植俯瞰

图3　隔离带温馨提示色“红色”

二、工程理念

该工程贯彻美化城市环境与行车环境的施工理念。道路绿化是城市绿地系统的重要组成部分，它可以体现一个城市的绿化风貌与景观特色。腾飞园林主营范围就是园林绿化工程，

图4　圆形种植

图 5　别具特色的隔离带设计

图 6　道路俯瞰（1）

图 7　俯瞰图（2）

图 8　俯瞰图（3）

经验丰富，团队协作意识强，这次针对巢湖市金巢大道绿化工程，秉持认真结合乡镇环保、以质量第一为原则，节能节材，主要做法就是结合特有的专利技术，以及对“三新”的应用，同时配合监理单位的监督措施，提高安全质量控制。

图 9　俯瞰图（4）

三、工程的重点及难点

第一，金巢大道属于车流量大的路段，施工工期无法精准把握，高峰时期的养护困难，影响苗木初期的成活率。为解决这一难点，我们团队研发了一种园林播种施肥装置以及一种园林种植用的除草装置，减少人工参与，提高行车安全及人身安全。

图 10　好人精神支柱

第二，浇水问题。以前浇水都是以抽水机

做动力并需要 5 ～ 6 名员工配合操作，完成道路两侧的景地浇水最快也得 2 ～ 3 个工作日，太慢，且高温时期浇水频率高，夜间洒水人工费高。针对这一难点，我们采用埋管浇灌方式，使这些问题统统解决，大大节约成本，随时洒水降温，不用担心因高温苗木死亡问题。这样的方式不会影响城市美化，因为埋在土壤里看不到管线，增加行车环境的观感性。材料也有选择性，选择环保材料，减少土壤污染以及水源的浪费，这也是金巢大道绿化施工的一大特色。

四、新技术、新材料、新工艺的应用

1. 新材料的应用

（1）新型保水剂的使用

新型保水剂绿化见效快。本剂始终保持根土恒湿均衡供水，同时吸溶肥料，使植株长期水肥充足，从而保持长势旺盛，绿化效果立竿见影，提高绿化效果 70% 以上。

新型保水剂提高成活率。幼苗移栽时由于根部失水，导致城市绿化的成活率只有 60% ～ 90%，而道路边坡绿化更低至 30% ～ 60%。尤其是名贵苗木或古树长途移栽，死一株都损失惨重。如用本剂将幼苗蘸根后运输、定植，可周转几天根部不失水，成活率高达 98% ～ 100%。尤其可反季节种草植树、随时建植绿化。

新型保水剂节约劳动力、人工费用。保水剂用后仅需很少的雨水或浇灌水，即可长期保持根部恒湿，解决全年浇水问题。大多数植物可连旱 2 ～ 3 个月而不需浇水，减少浇水次数 5 ～ 10 倍，节省养护成本 60% 以上。采用该方法相对于敷设管道、或每天用洒水车养护、

图 11　“做好人”公益宣传

图 12 “阶梯式”美化修剪

图 13 观赏性种植效果

图 14 唯美丛林“愿望鹿”

图 15 美丽蝴蝶景观

耗费水源，以及高昂的工资和水价，既省钱省力，绿化效果又好。

新型保水剂节约成本。很多苗木移栽需带土球，造成运量少且运费高，如去掉土球用本剂将幼苗蘸根后运输，可极大地增加运量而减少运费，节约运输成本 40% 以上。可将几种水溶性氮肥、生长素和根用药剂等，水溶后吸到本剂中，即成为肥药缓释剂，使肥药不流失，达到均衡供水、施肥、给药三重效果。尤其是高档花卉用的生物菌肥，因需要封潮湿才能促使菌体活化繁殖，如与本剂复合施用，即为菌肥促活剂，能显著提高肥药效、又节省肥药用量。

新型保水剂环保且用途广泛。本剂用量很少，没有刺激性味道，使用一次的成本仅 0.1 ～ 0.8 元 / 平方米，而且用一次长久有效，无空气污染。这点投入仅从上述“提高成活率”中即可完全抵消，一般还有盈余。新型保水剂适用于城市绿化中的道路绿化、花草灌木、盆景花坛、景观乔木、租摆植物、社区公园绿地、球场草地、无土栽培、透明观根花卉等。

（2）草坪增绿剂的使用

草坪增绿剂可增强草坪的观感性。当草坪的生长过程中，因环境、气候、土质及养护不当的原因，引起草坪缺肥、缺元素、病虫害；新移植的草坪、受旱发黄的草坪，均可用草坪增绿剂。其可提高观赏效果，使草坪复壮。

草坪增绿剂使用无限制，用途广泛。本产品不论是暖季草、还是冷季草，各种混播草坪都可以使用。草坪增绿剂含有一种特殊的铁质成分——螯合铁，可有效促进草的光合作用，从而促进青草生长，在秋季时推迟草的枯萎，在春天时加快草的生根发芽，冬季还可以加快霜雪融化。草坪增绿剂含有特殊的着色成分，因而具有很高的吸热能力，可使草在冬天生长得更快，也更易使霜雪融化。

（3）新型环保玻璃钢

新型环保玻璃钢可提高项目的观感效果。布置景观时为达到观赏效果以及城市美化效果，公司购买了一系列仿真动物户外摆件，这些摆件利用了新材料——新型环保玻璃钢。环保玻璃钢是极良好的耐腐蚀材料，对大气、水和一般浓度的酸、碱、盐以及多种油类和溶剂都好较好的抵抗能力。

新型环保玻璃钢色泽饱满，体现大自然之力；标志性强、辨识度高。由于户外的摆件使用，提高了金巢大道的辨识度，自带地标效果。新型环保玻璃钢与整个自然环境融为了一体，大大提高了绿化本身带来的技术效果。

2. 新技术的应用

（1）一种树木种植固定装置

该装置包括连接元件和连接拉伸元件。所述连接元件包括钢带和三个固定环，拉伸元件包括固定构件和钢绞线，固定环设置在钢带上，且通过钢绞线与固定构件连接。该装置韧性大，寿命长，且其内侧嵌有一层棕垫，棕垫透气性好，且有良好的抗压能力，有利于树木的正常生长，同时可调周长，能满足胸径大小不同的树干。此外，钢绞线和弹簧配合实现拉伸效果，钢绞线可根据需要调节长短，能满足不同高度的树木，而弹簧可减缓强风对树木的损伤，还能很好地保持树干的美观姿态。

（2）截干

截干后减少蒸发量，提高植物成活率。但是对于一些树种来说，截干后很难成形，所以

图 16　花团锦簇

图 17　层次分明

图 18　仿古“平绣”式养护

图 19　地面整洁环境优美

图 20　特别设计的隔离带

对截干技术上要求很高。栽植初期比较养根，现在养跟成功，减少很大养护成本，提高苗木成活率，枝繁叶茂。

（3）道路绿化埋管浇灌

①浇灌工效得到提高

以前的道路绿化浇灌用抽水机做动力配合 5 ～ 6 名员工操作，完成道路两侧的景地浇水最快也得 2 ～ 3 个工作日。采用地埋式灌浇系统作业省去了大量消防水带的使用，运送的程序是同样使用一台抽水机，根据灌浇植物的需求同时可开启 2 ～ 3 个浇灌口，一个员工使用一根水带可轻松地完成与另一个员工灌浇区的连接。采用此种浇灌作业，机械的使用率和人工投入节省都得到了较大提高。

②经济效益得到提高

原灌浇方式因水带的拖拉，破损率较高，正常情况下消防水带使用一年多就变薄漏水，使用 10 吨车灌浇，每年车辆的使用费支出也相当可观，且效率和灌浇质量都欠佳，地埋式浇灌虽然前期经济性投入比较大，但用发展的眼光来看则利大于弊，PVC 管的使用年限在 15 年左右，超码在 10 年之内可放心使用。

③文明养护标准得到提高

以往一到抗旱时期，需要调用多条水带进行人工结合浇水，节节相连，需要的辅助人员多，不仅人工费消耗大，而且也对交通造成影响。现在使用埋管浇灌，省时省力，文明养护作业的标准程度得到很大的提高，真正做到了不扰民的文明施工要求。

3. 新工艺的应用

（1）四季色彩的搭配

为了打造生态城市，园林绿化工程越来越多，相关的施工工艺也得到了很大的提升，针对本工程开展的花卉和苗木甄选，对应清单种类，挑选的花卉严格按照设计要求。选色上与周围环境以及设施配合，相得益彰。五颜六色的花卉让人眼前一亮，也能舒缓车辆驾驶员的眼部疲劳，减缓疲劳驾驶的发生率。

（2）加强立体型绿化

为加强立体绿化的效果，节约并开辟更多的绿化空间，金巢大道整体路宽非常广，在平整绿地、种植绿化时，公司除了水平分层，还进行了垂直分层。首层优选绿色景观类植物，树高不得遮挡视线，否则会影响下层苗木景观的展现。中间色泽选择鲜艳类的花卉，品种丰富一点。最底层种植深色苗木，看起来平整、大气。

宏光·揽境项目示范区（含样板区）景观工程

——扬州意匠轩园林古建筑营造股份有限公司

设计单位：广州山水比德设计股份有限公司
施工单位：扬州意匠轩园林古建筑营造股份有限公司
工程地点：河南省郑州市龙湖中环路与龙湖中环南路交叉口
项目工期：2018年5月25日—2018年11月4日
建设规模：53212.3平方米（其中绿化面积32199平方米）
工程造价：1182.5万元

本文作者：陈　亮　扬州意匠轩园林古建筑营造股份有限公司　项目经理、工程师
刘　曦　扬州意匠轩园林古建筑营造股份有限公司　项目副经理、工程师

图1　项目大门灯光1

一、工程概况

宏光·揽境项目示范区（含样板区）景观工程，位于河南省郑州市龙湖中环南路和中环西路交叉口，建设单位为河南省宏光天地实业有限公司，监理单位为河南海华工程建设管理股份有限公司，施工单位为扬州意匠轩园林古建筑营造股份有限公司。本工程的主要内容由如意水景、硬质景观工程、组合景墙、光影连廊、绿化工程、景观照明、雨污水工程和小品等组成，项目设计艺术性高，施工难度大，工期紧（图 1 ～图 19）。

二、工程理念

本工程的建设遵循先地下后地上、先结构后装饰、先大乔后地被的原则，将园林景观的基本元素营造成一个艺术空间。尊贵入口——大气、现代、简约，带些中式韵味的大门映入眼帘，迎接着脱尘的心及疲惫的身躯，让整个人进入此地便瞬间心旷神怡。

本工程的水景也别具一格。灵动的水，在光与雾之间穿梭，透过格栅，在地面流淌。树枝的光影在风中摇曳，光束透过缝隙洒落……这些平常的事物，记录着光与影的美丽，它仿佛能实现所有我们对艺术的想象。

图 2　项目大门灯光 2

图 3　光影廊厅灯光效果

图 4　光影廊厅灯光细节

图 5　如意水景 1

图 6　如意水景 2

图 7　水景纹理

图 8　水系细节

图 9　走廊

图 10　镜面水景 1

图 11　镜面水景 2

图 12　镜面水景走廊

图 13　水中树

三、工程的重点及难点

1. 如意水景

如意水景总长 24.9 米，宽 2.4 米，厚度 42 厘米，由 19 块芝麻灰整石打造而成。工程选料难度大，运输困难，无法实现机械加工并雕刻曲水流觞造型，在召集了 10 多位一流工匠，先进行预品种划线、支模，由粗至浅逐步雕琢，通过一个月的努力，终于打造成功。运输至现场，因场地狭小，无法就近安装，动用两台 200 吨吊车，人工配合安装到位，实属不易。

2. 光影连廊

光影连廊总长 37.36 米，中间无立柱支撑，对施工要求极高，施工班组克服重重困难，一是保证施工安全，做到焊接牢固可靠，满足设计要求；二是顶棚施工，群策群力，充分考虑设计效果，改进施工方法，精心施工，保证顶棚铝合金方管整齐划一，满足观赏视觉效果。

3. 大树反季种植

为更好地体现绿植效果，优选了少有的大胸径美国红枫。按照设计要求，进行全冠移植，并进行了无树穴设计。为提高其成活率，项目部采用了多样化的植保手段，起苗时尽量保留原根系土壤，运输过程中采取遮阳和保湿措施，种植时保证按设计进行土壤改良施肥，播撒生根剂，铺垫石子，增加多根透气管，种植后进行遮阳喷雾保湿，滴注营养液，剪枝创口消毒打蜡，大幅度提高全冠移植的成活率，所选的苗材在栽植以后不仅成活，而且一次成形、长势良好。项目完工后，立即展现了高质量的观赏效果。

四、新技术、新材料、新工艺的应用

1. 石材表面成形加工工艺的应用

为适应建筑业工厂化，在异形切割、抛光打磨、表面图案处理等方面完全摒除人工补充工序，实现石材加工安装全机械化，大幅度提升了石材的观感效果和生产效率，降低了成本。

2. “护树宝”无纺布、植物防冻液、草坪增绿剂和保水剂、抗蒸腾防护剂的使用

“护树宝”无纺布主要用于树木的养护方面，无纺布的保暖性能、稀释效果都比较好，用无纺布代替之前的麻绳，而且无纺布可以循环使用，这样既降低了成本又增加了树木的美观效果，提高树木成活率。

植物防冻液是专门用来防冻抗冻的，本工程处于河南地区，植物防冻是一项比较重要的工作，使用防冻剂，会使植物表面逐渐形成一层保护膜，由于防冻液中添加的特殊因子能够激活植物中的细胞酶，具有提高保护和抗冻能力。该工程通过一个冬季后，未发现苗木受冻的情况。

草坪增绿剂的运用。草坪在实际施工和生长过程中，会出现各种不良现象，如缺营养、缺肥、土质、气候，导致草坪遭受病虫害，带来不良效果，出现草地发黄、干旱、枯萎，影响草坪的生长。草坪增绿剂的使用，不仅有效地使草坪和土壤得到很好地粘合，而且能够达到浑然天成的颜色效果，可持续 1 ～ 5 个月，且使用期间褪色的问题不会再出现。草坪增绿剂多用于冬季植物的生长，可以增强青草的光合作用，促进植物生长，提高草坪的观赏

图 14　售楼部大门

图 15　水景与建筑

效果。

保水剂的主要作用是减少水的流失，提高植被的成活率，保证植被幼苗根部的存水量，从而提高幼苗的成活率。使用保水剂后可以减少植被浇水次数，既达到了应有的绿化效果，又变相地降低了水资源的浪费，节省了运输过程的费用、减少运输成本。保水剂也有节省肥料和药剂的效果，可以把肥料和药剂掺到保水剂中，达到供水施肥和药剂使用均衡的效果，减少肥料和药剂的流失，变相地实现了节肥省药。而且保水剂的成本低，效果显著，绿化见效快，用途广泛。

抗蒸腾防护剂主要用于持续干旱和高温的情况下，稀释抗蒸腾防护剂喷洒到植被上，在植被表面形成一层保护膜，减少水分的蒸发，保证植被的正常呼吸，提高植物成活率，有效地减少干旱对植被造成的伤害。也可以在防护剂中掺入杀虫剂、杀菌剂等药剂，双管齐下，既可以减少水分的蒸发，又可以防止病虫害。

3. 雨水回收利用技术的应用

雨水回收利用技术是指在施工过程中将雨水收集后，经过雨水渗蓄、沉淀等处理，集中存放，用于施工现场部分绿化苗木的浇水以及混凝土试块养护用水。

4. 乡土树种全冠移植促生新技术的应用

在施工过程中，项目部广泛应用新的植保手段，提高乡土树种全冠移植的成活率，形成“乡土树种全冠移植促生技术”，包括全冠移植土球起挖技术、树根防腐处理和促生技术、使用 ABT-3 生根粉、苗木运输保湿保温

图 16　云影丛林

技术、乔木修剪疏枝技术、土壤整治与保水透气技术、使用 KD-1 保水剂、大规模苗木跟踪养护做喷技术。在苗木种植前，对选定移植的乔木进行切根、转炉、疏枝整形、增施基肥等措施，以保证移植的成活率；通过主干保护、根部水分补充、喷雾、剪枝创口消毒打蜡、植保等手段，来培育增强植株对搬移的适应性，施工人员通过严格的到货验收确保上述措施的实现，从而使所选的苗材栽植后不仅成活，而且一次成形、长势良好，景观工程苗木成活率达到 98% 以上。

5. 新型粘贴剂和填缝剂的使用

硬质景观中采用新型石材粘贴剂和填缝剂。一方面加强粘合的力度，防止石材脱落；另一方面可有效防止泛碱、流泪现象的发生，保持石材表面清洁。

图 17　示范区绿化

图 18　示范区铺装 1

图 19　示范区铺装 2

南山区长源村改造项目（02# 地块）园林景观工程

——深圳市绿雅生态发展有限公司

HISTORIC BUILDING GARDEN

设计单位：广州山水比德景观设计有限公司

施工单位：深圳市绿雅生态发展有限公司

工程地点：深圳市南山区留仙大道南侧长源村

项目工期：2017 年 5 月 1 日—2019 年 3 月 21 日

建设规模：31279.2 平方米

工程造价：1483 万元

本文作者：刘海燕　深圳市绿雅生态发展有限公司　常务副总经理

图 1　鸟瞰图 1

一、工程概况

南山区长源村改造项目（02# 地块）园林景观工程项目，位于深圳市南山区留仙大道南侧长源村。

本项目西临留仙大道，东近深圳北站商务区；南靠塘朗山，北眺长岭陂水库，与地铁 5 号线长岭陂站接驳。总建筑面积约 64 万平方米，是集高端住宅、公寓、办公、集中式商业等多元业态于一体的生态人文综合体（图 1～图 20）。

二、工程理念

项目场地周边视野开阔，生态资源丰富，通过巧妙的借景手法，将小区周边塘朗山、长岭陂水库、南科大等的自然、山水、人文景观等生态环境与小区景观融为一体，营造园中园、大中小嵌入式整体性园林景观。远眺湖光山色，让每一扇窗都最大限度地享受风景。处处感受着大自然的“拥戴”，如在画中。

本项目的特点是在景观构造上以生态学理论为指导，遵循生态优先等原则，以再现自然、改善和维持小区生态平衡为宗旨，设计施工贯彻海绵城市理念，充分考虑居民享用绿地的需求，建设人工生态植物群落。在树种的搭配上，既要满足生物学特性，又要考虑绿化景观效果，绿化与美化相结合，通过植物造景，创造出安静、优美的人居环境。

图 2　鸟瞰图 2

图 3　公园中央，拥抱自然

图 4　小区景致，功能明朗

图 5　长廊路道，怡然自得

图 6　隐秘小路，不一样的风景

三、工程的重点及难点

为保证工期按期完成，在抓好质量、安全的同时兼顾施工进度，首先以总进度网络为依据，按施工阶段、施工项目分解为不同的进度控制点，形成一个多层的网络，逐层控制，保证总目标工期的实现。

施工伊始，公司就给项目部制定了严谨科学的成本目标，提高各级管理人员的管理意识和整体素质，从施工组织、原材料采购、人工、机械等主要方面入手，严格把控材料质量，损耗、易耗品用量，机械台班的使用效率，合理安排人力避免窝工等。同时，从质量成本、工期成本上要效益，避免因品质问题返工，实现了预期的综合经济效益目标。

四、工程的特色及创新点

1. 工程特色

公司将自有专利技术新型园林灌溉装置和生态湿地植物培养架应用到长源村项目中，围绕海绵城市理念展开设计施工。在有限的绿化面积里，因地制宜，通过雨水系统整体设计，采用下渗、滞留、净化的策略，赋予地块内绿地景观与生态系统服务功能，有效降低雨水径流污染，通过雨水净化及循环利用处理，达到《建筑小区雨水利用工程技术规范》中关于雨水回用的水质要求，作为绿地浇洒和水景用水。同时，新型园林灌溉和生态湿地植物培养技术促进了景观植物的有效生长，提升了整体美化效果。

图 7　小树苗正在旺盛生长

图 8　小小竹林道不失优雅

2. 创新点

（1）采用一种新型园林喷灌装置。利用地库顶板蓄水系统建设，地上部分为园林景观，由绿化、园路、水景、水池、隐形消防通道、园建小品、屋顶排水系统和灌溉系统等组成。地下部分为海绵蓄水部分，由蓄水池、疏水层、地下盲管系统组成。

（2）采用一种生态湿地植物培养架，推进海绵城市概念，在整套水系统的收集雨水途径上，地上部分小区园路建设上选择采用了新型环保仿石花岗岩透水砖，该透水砖除了注重其渗水功能外，还注重其艺术性及生态性，且根据使用性质及空间特性可以选择不同质感、色彩、纹理和尺度的铺装。

图 9 葱郁的树木欢迎业主回家

图 10 绿树成荫，静谧放松

图 11 透水砖和碎石过滤雨水

图 12　休闲景观，增添情趣

图 15　草坪平坦，自然感性

图 13　移步小区，开朗明亮

图 14　优美曲线，步移景异

图 16　宅间绿地 1

五、新技术、新材料、新工艺的应用

南山区长源村改造项目（02# 地块）园林景观工程项目对园林景观的要求非常高，这就要求公司在选材、工艺、特殊景观小品的处理上下功夫。为凸显君临海域的品质，本工程采用了如下新技术、新工艺和新材料。

1. 新工艺：防泛碱处理

根据以往水体出现泛碱现象的经验总结，对水体部位的铺装材料做了防泛碱处理，主要有以下三项。

（1）石板安装前在石材背面和侧面背涂专用处理剂，该溶剂将渗入石材堵塞毛细管，使水、氢氧化钙、盐等物质无法侵入，有效消除泛碱现象。

（2）在石板底部涂刷树脂胶，再贴化纤丝网格布，形成抗拉防水层，同时在侧面也做涂刷处理。

（3）在铺贴好的完成面上再均匀涂刷两遍树脂胶，杜绝出现拼接缝隙泛碱现象。

2. 采用新技术、新措施提高苗木成活率

（1）ABT-3 生根粉：采用 ABT-3 生根粉对于常绿针叶树种及名贵难生根树种的快速生根、提高成活率具有明显效果。

（2）KD-1 型保水剂：采用 KD-1 型保水剂增强土壤的储水保水能力，提高苗木的成活率。

（3）抽枝宝：抽枝宝是当前果树栽培最新技术成果，特别是对较名贵树种但又抽枝困难的苗木，有明显的促枝效果，在园林树木移植中也可使用。

图 17　宅间绿地 2

（4）微喷应用：为了提高移植树木成活率，降低成本，在树冠部位均匀布设微喷装置。

3. 采用各种新型材料制作园林小品

在园区中适当地点缀园林小品，别有一番风味：既有“幽致小院”的恬静，又有“海域风情”的热情浪漫。整体制作手法环保、新颖，围绕花园的设计理念，结合小区周围的自然环境，将自然融入美好的生活中，低调而高贵。

项目荣誉：

本项目获广东省园林工程施工类金奖。

图 18　康体娱乐，休闲一体

图 19　儿童乐园，孩子们的欢乐小天地

图 20　小区廊架

滨河公园建设工程

——皖建生态环境建设有限公司

设计单位：岭南园林设计有限公司

施工单位：皖建生态环境建设有限公司

工程地点：安徽省合肥市肥西县

项目工期：2019年8月18日—2020年5月7日

建设规模：约44万平方米（其中绿地面积约26万平方米）

工程造价：12525.55万元

本文作者：王奇勇　皖建生态环境建设有限公司　董事长兼总经理、高级工程师

方金民　皖建生态环境建设有限公司　项目管理中心副总经理、工程师

殷　情　皖建生态环境建设有限公司　助理工程师

图1　北入口全景

图 2　服务中心

图 3　覆绿停车场

一、工程概况

滨河公园建设工程，位于安徽省合肥市肥西县上派镇，总施工面积约 44 万 m^2，包含八大功能区块，其中，绿地面积约 26 万 m^2，水系面积约 8 万 m^2，二者占规划总面积的 77.78%。建设内容包括道路、桥梁、配套建筑、各类型园路、广场、运动场、沙滩、老年活动场地、造型喷泉、景观照明、栈道、廊架、景观塔、生态湿地、屋顶绿地、微型花境以及不同特性的苗木形成的生态植物景观等（图 1 ～图 25）。

二、工程理念

滨河公园毗邻江淮运河派河河道，是连接合肥市的第一道窗口。该项目建设依托原有派河及周边附属绿地的骨架格局，本着“环境优先、最小干预”的原则，以“水岸印记，多彩派河”为设计主题，以“乐活大调，新尚生活”的基调，运用新中式立体化景观构建艺术和海绵城市建设的理念，融入合肥传统庐剧及鼓书文化作为主旋律，

图 4　车库

图 5　钢混桥夜景

图 6　钢结构桥

将园区划分为湿地田园区、湿地净化区、儿童游乐区、康体休闲区、风筝草坪区、运动健身区等八大区块，各功能区块自然过渡，形成兼具生态、休闲、运动、康体、交流等多功能的生态绿色空间。

工程简约大气的设计风格无疑是现代主义秩序化的真实体现，但又有别于典型现代主义，它将简单的线条表现与设计感十足的园林建筑以及充满中国韵味的拱桥、木质栈桥、传统构筑物相结合，将功能性和实用性放在主要地位，更注重人文色彩和对人类心理需求的满足。

工程在保持原有绿化和水系的基础上重新解构造景，运用堆土成坡、铺地落差、植物配植等手段进行高差的创造和空间的转换。以原有的水体景观为轴线，景亭、观景平台、栈道及亲水驳岸为牵引，广场、园路、绿道及草坪为外延，色相丰富的植物配植为背景，将整个公园景观打造成一个平面景观线条流畅、空间分布错落有致的四维空间作品，无论春夏秋冬、无论平视鸟瞰，都能给游人带来愉悦的立体视觉效果，真正建造出了一个绿树成荫、郁葱如彩、花萼楼台、秀吐香风、园林郊野、淡香幽姿高韵的别样风情。

三、工程的重点及难点

1. 近自然式营造手法，构建海绵型生态绿地

提倡生态环保，该公园在秉承低影响开发建设理念的主线下，采用近自然造景手法，将海绵城市建设理念与绿地景观进行生态化融合，提升绿地的“水弹性”。

（1）截留技术——通过减缓降雨过程中的雨水径流速度，运用材料或者结构增加雨水集聚面积。本工程主要依靠绿色屋顶、冠层截留和植被缓冲带实现。本工程中屋顶绿化面积约1.2万m^2，种植少量常绿灌木金桂和流线型草花色带，大面积满铺草皮，可实现雨水的层级截留。

（2）促渗技术——公园主要采用透水混凝土、透水砖、卵石及塑胶等透水铺装，以及铺设植草砖的停车场、绿色街道等“绿色”低影响措施。主园路采用的是多孔、轻质、无细骨料的无砂大孔混凝土路面，约1.98万m^2，除透水性强、收集雨水等特点外，兼具吸声降噪和缓解城市热岛效应的作用。次级园路采用红黄相间的透水砖铺装、疏松透气透水的卵石小径、打磨的石材镶嵌草皮制成嵌草石小径，运用近自然手法营造意境的同时实现雨水的有效下渗。

（3）调蓄技术——以环境整治功能为主，通过增补植物和填挖方重新梳理水陆关系，大面积地构建湿地景观区，各湿塘间通过雨水管网或地形高差巧妙地连通，确保地块水系的完整性。主要水源为自然降水或主河道排灌，是一种具有雨水调蓄功能的景观水体。中部为静态大水面，可进行雨洪调蓄，形成城市生态海绵。

（4）传输技术——地上部分雨水主要是通过屋顶排水系统与地面蓄排水系统联通而实现传输功能。地下雨水的传输主要是利用渗管、渗渠等暗沟排水传送，通过地形制造，建立生态花溪，底部为自然基底，栽植水生植物，可减少雨水对河床土壤的冲刷，防止水土流失，同时植物通过庞大的根系群落涵养水源，为花溪内的所有生命体提供水分。园区河道水质浑浊，为了解决水质问题，将较大水面设计成各

图 7　公厕

图 8　观鸟台

图 9　景观塔

图 10　廊架

图 11　老年活动广场

图 12　临水景观

图 13　庐剧长廊

种小池塘，局部种植荷花、再力花、菖蒲等，中间用旱溪沟联通，各色栈桥道路盘桓期间，给游人提供了亲水亲绿的空间。

2. 革新屋顶绿化技术，构建新中式立体覆绿空间

本工程最具特色的建筑——两座不规则立体覆绿式生态建筑，是集公园管理、文化长廊、展览展厅、轻餐饮以及公共车库为一体的大型覆绿生态建筑。

（1）设计创新——形状设计抽取三河古扇羽的线条元素和鼓的轮廓元素，两座建筑以空中廊桥连接，立面结构采用新中式的建筑装修装饰手法，利用仿木色方钢龙骨作骨架，复古色松木作为装饰格栅，配合白色真石漆墙面，将松木、铝板、玻璃等元素有机搭配，使中式的元素与现代的流线相结合，整体简明而优雅。

（2）屋顶绿化营造工艺——异形屋面做好双层防水处理，分别铺设凹凸蓄排水板、隔离层和配制的轻质型绿化基质层，以满绿草坪配合撒播四季草花为主要屋顶绿化色彩，不喧宾夺主，更凸显了建筑的特色。屋面雨水传输采用自调节式结构，将绿色轻质屋面与地下雨水收集利用装置组合，通过毛细、重力引流及梯级传输作用，构建纵横分段式长效绿色型轻质屋面雨水循环蓄用系统，实现雨水垂直、水平及时间上的自我循环式净化、调蓄及利用，打造了具有良好生态营建和长效生态适应能力的空中花园。

（3）空中游园——屋顶建设空中游步道，让游客在不同高度都品味到阳光和自然。核心区做中空设计，形成阳光中庭，抑或孤植绿树，抑或营造微组团，高度融合了建筑、文化和环境，构建了现代语境下的创新需求。

3. 十八弯水路，构建江淮运河景观水脉

水是整个园区的灵动所在，本工程利用派河支流蜿蜒贯穿整个公园的先天地理优势，在尊重原有生态景观的基础上，以“水”为脉，串联各功能区块的历史文化记忆，重塑场地原始美。水面开阔明亮，脉流贯通，有聚有分，直通江淮运河派河河道。

（1）滨水景观营造——该项目通过河道疏浚、驳岸处理、细处裁湾、阔处留岛，有虹桥九曲横跨水域，有绿木繁花相映成趣，营造了深处可行船、浅处可植绿的水生态空间。滨水设置阶梯式驳岸、挑台式驳岸、自然缓坡驳岸和沙滩等。

湿地景观区最亮眼的当属时而盘居于水岸、时而卧藏于绿野的景观游步道，环湖修建的木栈桥及亲水平台作为公园的内环景观线，盘踞岛上的木栈道和观鸟平台为游客提供了全园的最佳观赏点，形态各异的桥梁成为串联各节点的重要工具。以不同的方式串联形成“启”“承”“转”“合”变换发展的空间序列，最大程度上增强了景观的多样性和功能性。

（2）水生植物选择——在水生植物的选择上，兼顾水域景观性以及水体净化功效的特点。沿河一周缓坡及湿地田园区和净化区，均选用梭鱼草、菖蒲、水生美人蕉、鸢尾、蒲苇等植物。疏密有致、布局大方的水生植物，减缓了从上游流经于此的河道污水，为植物净化水体增加了些许时间，造景的同时实现水质过滤与自然净化，重新塑造了河道的生命力，极大程度上还原记忆中的水境和花溪。

4. 传统非遗文化再现庐州风采

公园最具传统文化特色的鼓书广场、庐剧长廊和古扇塔，采用合肥、肥西特有的安徽省非物质文化遗产抽象提炼，具化而成。

（1）鼓书广场——公园最具活力的动态休闲区是以“鼓”为形态元素的鼓书广场，大面积的硬质铺装，镶嵌着S形流线动态喷泉，随

着音乐旋律的高低起伏而变换出各种形状，夜幕伴着五彩的灯光，音乐伴着舞动的水花，通过光、影、水、电、声合成的技术达到变化独特、形式新奇的水舞景观，给游客带来四维感官的全面冲击。

（2）庐剧长廊——庐剧文化长廊，选取典型的“十八相送”“说唱肥西老母鸡”等庐州文化小剧，周围紫穗槐藤蔓攀爬，乔木矩阵点缀，用时尚现代的方式演绎着亘古相传的肥西故事。

（3）古扇塔——公园中最具标志性的景观构筑物当属古扇塔，以“三河古扇”为原型，进行抽象、简化，并大量运用五彩玻璃做花窗，有着沙漏形状的结构，并且设置了螺旋梯道，登高望远，周围360度的公园美景尽收眼底。

5. 构建稳定生态群落，打造功能性景观绿空间

构建生态动能，既考虑绿地结构和生态特性，又考虑绿地空间中的雨水循环系统，利用营造技术再现自然演替且具有强大环境容量的第二生态，推动整个公园生态可持续、自净、自循环、自运营。

（1）功能性绿地景观营造——滨河公园在尊重自然的基础上，发掘延伸其生态功能性。景观营造采用自然式栽植手法，上层空间以常绿树种为基调，组团式营造，形成优美林冠线和多维的透景线，又可作为海绵湿甸的背景。堤岸、斜坡绿地及岸上绿地景观的每个组团骨干植物，同一种体量上大小有别，不同品种更注重色彩和季相变化以及生态功能性，以求构建稳定的生态群落，并营造出深浅兼有、虚实相生、疏密有致、生态自循环的植物生境。下层空间以湿地景观为主，特别是水生植物的选择，兼顾了水生态性和水景观构造特点，形成横向水岸滩涂和水上水下纵向水生物修复体系。

（2）保留原有植被，丰富植物多样性——在对原有植物群落进行系统梳理和保留的基础上，做了大量的补充与完善。栽植各类乔木103种，花灌木30余种，各色地被60余种。植物选择以乡土树种为主且品种繁多，精心挑选树形树冠优美、枝叶繁茂的桂花、香樟、紫薇、柳树等主景树进行全冠移植，并选配季相色彩明显、适生性强的基调树种进行空间骨架的打造，形成三季有花、四季常绿、千姿百态、绚丽多彩的优美景色。

6. 其他重难点内容

（1）覆绿式建筑屋顶绿化，且屋面为有高差的不规则异形结构，对屋面防水、种植机制、蓄排水系统等提出了较高要求。屋面做两次防水处理，除用防水涂料外，为保证防水效果，全过程检测及进行渗漏试验，并加铺防水卷材和凹凸蓄排水片。屋面雨水传输采用自调节式结构，在屋面雨水调蓄、净化、再利用方面有了突破性的改进，以低影响开发为理念，连接地上、地下雨水，科学处理雨线，形成以屋面雨水为中心的循环生态利用圈，实现屋面循环蓄用与屋面植物长效绿色并行效果。

（2）屋顶结构复杂，部分区域坡度大，土壤植被抗滑动要求高。为避免土壤植被滑动，采用轻质型、具有良好抗滑、抗冲刷性能的团粒土壤，确保土壤稳定，同时又具有保水性能，为植物提供良好的生长环境。

屋顶绿化轻型复配基质研制方面存在一定技术难度，主要表现为：C/N和盐分的含量是影响生态型基质效能的主要因素，在原料预处理的过程中，如何筛选专用调节剂使园林废弃物C/N降低至微生物活动较适宜的范围，并找出园林废弃物堆肥处理的最优参数组合，提高发酵速度和质量，是其技术难点之一。以园林废弃物为主料研制生态基质，将生态基

质、轻质骨料（珍珠岩、蛭石、陶粒）、田园土按6∶2∶2配比制备轻型复配基质，具有质量轻、养分适度、清洁无毒和安全环保等特性，在减少屋面荷载的同时降低绿色屋顶养护难度、成本，具备良好的生态营建和长效生态适应能力。

（3）景观塔高26.5m，占地面积小，底窄上宽，呈漏斗状，工作面施展不开，对脚手架安装、地基、立面施工提出更高要求。滨河公园建设工程景观塔基础采用钻孔灌注桩，桩径为ϕ600，有效桩长约为20m，共8根桩。桩台为1m×1m方形承台，桩台之间采用200mm×400mm基础梁连系。本工程钻孔灌注桩为摩擦端承桩，桩端支撑于中风化泥质粉砂岩层上，必须保证桩端处土的承载力为1200kPa。因此，重新编制钻孔灌注桩专项施工方案，经过系列专家论证，从场地准备、测量放线、埋设护筒、制备泥浆、钻孔灌注及其环保措施等都做到高标准、高要求，特别是埋设护筒环节，充分考虑桩位的地质和水文情况，避免护筒底悬空而造成坍孔、漏水、漏浆等风险。

（4）园区数座不同风格拱桥横跨水面，其中一座为现浇钢筋混凝土拱桥，采用扣件式钢管支架体系，顶标高15.420m，立杆支设在7.900m处河床土上，对支撑基础地基强度有很高的要求。模板最大支设高度为7.520m，板厚为1400mm、750mm；梁规格为700mm×1400mm，属高大模板范围。为确保安全，按高支模要求单独编制施工方案，并组织专家论证，进一步明确拱桥构件施工工序，落实基础硬化措施，明确浇筑时序和防线，严格控制出料口的高度及浇筑的分层厚度，做好作业平台临边防护，另外设置支撑变形监控系统，保证工序的每个环节都科学合理。

（5）该项目施工范围大，分部分项工程多，土方填挖、外运工作量大，所处地区为泥塘及部分居民用地等，清淤工程量大，土壤改良要求高，施工任务相当繁重。因此，需要统筹兼顾，科学有序地部署，确保项目施工的顺利进行。另外，驳岸施工中，由于湖岸线长度较长，线形曲折复杂，给放线工作带来了一定的难度，因此，连接成平滑的湖岸线是本工程驳岸施工的一大难点。

图14　绿地景观1

图15　绿地景观2

图16　运动球场

图 17　入口广场

图 18　主广场南向

图 19　湿地栈桥

图 20　水生植物

图 22　心形桥

图 23　园路景观 1

图 21　庭中

图 24　园路景观 2

图 25　园路景观 3

四、新技术、新材料、新工艺的应用

1. 智慧园林系列技术的应用

公司充分发挥企业自主研发优势，采用皖建智慧园林建设管理系统（证书号：2019N993Y003456）和皖建智慧园林养护管理系统（证书号：2019N993Y003455）统筹管理项目建设全过程。

在项目湿地景观区，利用互联网、物联网科技，甄选功能性传感设备，搭建智慧监管系统，针对园区水质、鸟情生态、空气质量进行智慧监控。

（1）气象监测：配置空气湿度、气压、风速、风向等传感器，实现管理人员对园区各个区域的环境温度、湿度、风速、光照、土壤水分等参数进行动态监测。

（2）水质监测：实行 24 小时监控，可实时监测浊度、pH 值、水温、电导率、溶解氧、COD 等指标，有效掌握水质情况。

（3）鸟类监测：配置泛智能球监控设备，通过样地飞禽分布、发现频次、数量，形成动态生物多样性评估。

2. 自主开发创新技术的应用

为更好地实现近自然式海绵型绿地景观营造及绿地空间生态动能构建，针对不同的功能区块，公司研发院和项目部积极研发多项专利技术并应用于现场，如自主研发了“一种滨河湿地水质净化系统”“一种海绵型绿地建设结构技术”“一种海绵城市广场铺装结构”等自有技术，通过研发、功能测试、技术参数调整，进一步构建园区生态动能，保证景观效果。

（1）研发专利技术“一种滨河湿地水质净化系统”

湿地是整个园区的景观亮点之一，近 8 万 m^2 的水域、滩涂及附属岛屿等，根据其地形地貌、水质等基底条件，分别构建了湿地田园区和湿地净化区，而园区内水体浑浊，污染较重，难分解杂质较多，溶氧度较为低下，为此，我们提出一种滨河湿地生物–生态治污净化系统（专利号：ZL202020828257.7）。

该技术的优点有：①在接近派河闸口位置和箱涵位置设置梯级沉淀，安装滤网和活性炭网，实现沉淀净化；②在流速较低的水域设置了碳颗粒层和微生物固化填料层，可在提升滨河湿地内反硝化菌菌群数量的基础上为微生物提供附着的载体；③打造的水下森林生物系统，可使微生物在净化植物的根系上形成微生物膜，以促进净化植物的生长，实现对水质的有效净化。

（2）研发专利技术“海绵型绿地建设结构技术”“海绵城市广场铺装结构”

公园建设范围广，对铺装铺筑技术及其生态效果要求较高。针对广场建设，公司采用了自主研发的专利技术“海绵城市广场铺装结构”（专利号：ZL201921445529.9）。针对塑胶地面、透水园路以及健康绿道等均采用了“一种海绵型绿地建设结构技术”(专利号：ZL201910824140.3)。

该技术和结构的优点有：①垫层设置横向排水管收集雨水，更保证了垫层不积水；②在碎石层与土基之间增加土工布，以增强基础结构的稳定性和过滤作用；③优选用于渗透收集雨水的路基结构，优选对收集后的雨水过滤的生态绿地结构，以及设置在生态绿地结构下方的蓄排水设计，形成了海绵型绿地的结构组织，解决了绿地排水不畅、生态系统不稳定以及景观效果破碎化等问题。

3. 新工艺的应用

公司在自有专利技术“一种覆绿式建筑屋顶绿化结构”（专利申请号：202121205300.5）的基础上，进一步改良优化工艺工法，在屋面雨水调蓄、净化、再利用方面有了突破性的改进。先后对屋面做两次防水处理，除用防水涂料外，为保证防水效果，全过程检测及进行渗漏试验，并加铺防水卷材和凹凸蓄排水片，优选的蓄排水片铺设是根据屋顶的形状和坡度采用模块化拼装。以低影响开发为理念，科学处理雨线、雨水通道，连接地上、地下雨水，屋面雨水传输采用自调节式结构，形成以屋面雨水为中心的循环生态利用圈。

该工艺的优点有：①蓄排水异形片可根据屋面形状、坡度自由装配；②形成了屋面雨水传输的自调节，建立以屋面雨水为中心的循环生态利用圈；③实现屋面循环蓄用与屋面植物长效绿色并行效果。

4. 新材料的应用

（1）透水砖、透水混凝土应用：本项目在铺设园路时，摒弃传统的水泥砖，选用新型透水砖和透水混凝土，模拟土壤的空隙结构，“渗”和“净”是该新型材料的主要优势，倡导推行了节能建设方针。

（2）自动喷涂设备及强附着力涂白剂应用：本项目应用了国光生态开发的可移动式自动喷涂设备，优选的树木涂白剂增加了粘合剂等添加剂，提高了涂白剂的附着力，省工省时，效果好。

（3）苗木生长剂等新材料应用：在苗木移植前进行适当疏枝修叶保持根冠水分平衡；喷施叶面蒸腾抑制剂，减少植物体内水分消耗；超过 2cm 直径的树枝修剪伤口及根系切口及时涂抹伤口涂抹剂；适当喷洒生根粉或用活力素进行根灌，促进根系的恢复和生长。移栽后的大树采用给树体内部补水的输液方法，解决移栽大树的营养供需矛盾，促其生长。

5. “基于园林养护的系列技术开发”科技成果的应用

本系列技术可以运用在园林养护项目或者一般的大型园林养护项目中，从树木的固定矫正、树木的营养补充、树木的灌溉补水等三个方面全方位地为园林养护提供了科学合理的技术支持。其中，具有园林树木辅助功能的支撑架可以适应粗细高矮不同的各种树木，通过在第一固定板空腔内设置喷水口和软管还可以达到自动为树木浇水的效果。用于园林灌溉的肥料定浓度溶解搅拌装置对肥料和清水进行充分搅拌，便于快速溶解。再结合园林灌溉的雨水收集装置，三项技术方案形成一个统一的整体，可以完整地实现对园林树木的扶正、营养补充和灌溉，也可以实现对草皮的营养补充和灌溉。该成果的开发应用可以有效地降低园林养护成本，提高园林工的工作效率，达到更好的园林养护效果，为城市园林养护提供有力的技术支持。

东山湖公园总体提升工程施工

——广州市园林建设有限公司

HISTORIC BUILDING GARDEN

设计单位：广州园林建筑规划设计院
施工单位：广州市园林建设有限公司
工程地点：广州市越秀区
项目工期：2018年12月18日—2019年11月20日
建设规模：57523平方米
工程造价：1805.6万元

本文作者：洪淑媛　广州市园林建设有限公司　高级工程师
谢永响　广州市园林建设有限公司　高级工程师
龚　艳　广州市园林建设有限公司　工程师

图1　双层亭及周边环境

一、工程概况

东山湖公园总体提升工程位于广州市越秀区东山湖公园内，主要施工内容包括园林建筑工程、结构工程、园林给排水工程、园林电气工程、园建及绿化工程五部分。东山湖公园总面积317000平方米，其中水域面积230000平方米，陆地面积87000平方米，本次改造的陆地面积57523平方米（图1～图16）。

图2　双层亭及周边绿化

二、工程理念

本工程设计定位为：立足百年大计，将东山湖公园提升为一个“‘东山’特色的、文脉传承的、人性关怀的”岭南特色公园。

景观定位——传承岭南园林特色，城市绿色开放空间。

功能定位——大众休闲，文化展览。

服务人群——以婴幼儿、老人和周边市民为主。

图3　双层亭片区鸟瞰

三、工程的重点及难点

（1）本工程施工项目多、专业多，包括钻孔桩基础、园路广场铺装、给排水管道、建筑物主体及装饰、配套服务设施、电气照明、绿化等项目，须认真组织，协调配合。钻孔桩基础、园路广场铺装、建筑物主体、给排水管道、绿化种植等施工是本工程的施工重点。如何保证在最短的时间内实现本工程的施工目标且保证工期有所提前，是本工程的施工难点。

图4　双层亭建设及绿化

图5　踏春园景门建设

（2）本工程位于广州市中心而且靠近广东省政府机关，是市民及省领导时刻关注的重点对象。根据本工程情况，项目团队组织分区、分阶段施工，确保对公园造成的影响最小。

（3）本工程组织机具、材料的进场计划，特别是土方工程及桩基施工时，施工车辆进出如何避免对公园环境以及游人的影响，也是本工程的施工重点和难点。

（4）本工程施工场地面积大，施工管理难、工序多，各工种相互间配合协调关系复杂，如何组织好流水作业施工及协调好各工种间的相互配合，是本工程的施工难点。

（5）地基处理是本工程的重点之一。本工程地基处理量较大、面积较广、分布零散，地基处理的质量、进度是影响后续工程施工的关键。

（6）本工程广场、园道存在大量曲线，对测量技术的要求比较高。除了采用网格测量放

图 6　中半岛广场建设及绿化

图 7　湖心岛廊亭建设

图 8　广场鸟瞰

图 9　湖心亭廊鸟瞰

线外，各景点内部还自设网格施测。

（7）本工程双层亭的施工需扩建现有小岛，并在小岛上新建双层亭，施工期间会对湖水及周边环境产生影响，如何合理使用施工方法，减少对环境的影响，亦是本工程的一个难点。

图 10 湖水

图 11 湖上遍植水生植物

图 12 水生植物

四、新技术、新材料、新工艺的应用

本工程的水环境生态修复，采用“水体生态植物系统构建技术”，在景观水体构建水下沉水植物群落，逐步恢复水下生态系统，利用完善的水生态系统实现项目水体生态净化，全面改善水质及景观效果，主要水质指标达到国家地表水Ⅲ类标准，大幅度改善周边生态环境，实现“生态、景观、水清、气净”的全生态水下景观。

各项水生态修复技术如下：

（1）水体生态系统构建技术、原位生态修复技术，构建“水下森林—水生动物—微生物群落”共生系统，通过形成食物链，恢复沉水植物，发挥沉水植物对营养物质的吸收净化功效，改善水体水质及景观效果。

（2）微生物技术，微生物是一种经改良的可分解藻类的自然界生物，无毒无害，经过针对性的改良可以快速形成良性生态链，促进生态系统的稳定。

（3）沉水植物，不仅是水生态系统的重要初级生产者，而且是水环境的重要调节者，占据了水生态系统中的核心界面，对水生态系统中的物质和能量循环起到重要的作用。

（4）生物操纵技术，促进微生物的数量，从而控制浮游植物，提高水体透明度，进而为水生植物，特别是沉水植物的恢复创造条件。

图 13　改造后的东山湖入口

图 14　湖面夜景照明

图 15　文化布展区美化施工

图 16　新建东岛厕所

泰兴市东郊森林公园二标段工程施工

——常熟古建园林股份有限公司

HISTORIC BUILDING GARDEN

设计单位：南通市市政工程设计院有限责任公司

施工单位：常熟古建园林股份有限公司

工程地点：泰兴市城区东南片区

项目工期：2018年1月4日—2019年2月2日

建设规模：87万平方米

工程造价：6488.4938万元

本文作者：邵冬贤　常熟古建园林股份有限公司　项目总负责人

戴　莹　常熟古建园林股份有限公司　项目技术负责人

图1　入口门廊种植屋面

图 2　三区鸟瞰图

图 3　入口门廊

一、工程概况

泰兴市东郊森林公园位于城区东南片区，北接城市主干道澄江路，西临东阳南路，东至甸河西岸，是泰兴市占地规模最大的一个城市绿化项目。

项目以泰兴市创建绿色生态城市为指导，营造具有地域性、多样性和自我演替能力的绿地生态系统，提供与自然生态过程相和谐的游览、休憩、教育、康体、实践等活动场所，届时将与羌溪河城市公园、龙河湾公园、银杏公园、仙鹤湾风光带、羌溪河及如泰运河风光带等景观一起，成为城市的“绿肺”和展示城市形象的靓丽窗口（图 1～图 20）。

图 4　四区鸟瞰图

二、工程理念

项目充分尊重场地特征，对现有水系进行适当整理，结合海绵城市设计理念，通过景观手法进行必要的沟通，串活水系，形成湖、河、溪涧、湿地相互渗透的水网系统，为森林生态系统营建提供良好的水环境。其中，原有水面积24.1万平方米，新开挖水面积1.45万平方米，总占比约15.7%。

根据树林郁闭度指标分析，沿灵动水轴布置开放和半开放的空间，以滨岸草地和疏林花地植物风貌为主，为森林营造“呼吸空间”，而周边地块多以成片密林为主的密闭空间进行围合，在此基础上，根据森林植物群落结构及植物林相景观特点，以混交林为主，设置以外围防护和预留铁路的生态隔离功能为主的针阔混交防护林、预留水面用地的灌木林地等共计8类生态型风景林地，在四季景观变化中能够形成壮观的视觉体验，以春季观花为主的樱花林景观131亩，夏季景观为主的樟林、竹林共179亩，以秋季观叶为主色的叶林景观237亩，冬季以市花梅花观赏为主要特色的景观27亩。

三、工程的重点及难点

（1）绿色安全文明管理。由于本工程在同类园林绿化工程中体量较大，且项目所在地处郊区，四周均为农户，施工过程中的绿色、安全文明管理尤为重要。公司在开工初期就组织现场管理人员对绿色安全文明管理进行交底，着重强调现场节水、节能、节地、降噪管控，科学处理垃圾，避免施工垃圾造成生态污染。

（2）雨期施工。本工程施工阶段处于春、夏季节，降雨量较大且气温高，因此，在施工

图5　花草缤纷

前就根据雨期施工项目编制雨期施工措施，将不宜在雨期施工的分项工程提前或置后安排，对必须在雨期施工的工程制定有效的措施，进行突击抢工，并成立由项目经理为首的防汛领导小组，制订了防汛计划和紧急预防措施，保证不因降雨影响施工安全、工期。

（3）施工进度。本项目约定工期为 200 日历天，为尽快完成建设任务，提供优美合格的园林给市民观赏，如何做好施工进度措施保证按时完成 87 万平方米的园林工程，是本项目的难点。项目团队对施工进度严格把控，从工程施工总进度计划到分部分项工程单位进度计划，并计算各阶段的工程量，确定各阶段工程的持续时间，结合当前的施工条件加以分析对比和必要的修正，使进度计划更趋合理，最终圆满完成了本项目施工任务。

四、工程的特色

（1）以水为脉，共生共栖。项目注重森林生态系统的建立，原有水面积 24.1 万平方米，新开挖水面积 1.45 万平方米，总占比约

图 6　湖泊

图 7　湖旁小路

图 8　春天的落羽杉林翠绿欲滴

15.7%，立体景观串活水系，湖与河、溪涧与湿地互相渗透，水网环绕，为森林生态系统营造不可或缺的水环境。

（2）植物种类繁多。项目以森林植被景观取胜，所采用的林木种类繁多，在不同的环境选择不同的植物，形成林木丰富的生态群落，减少硬质景观的设计，减少铺装面积，进一步打造生态森林公园。

（3）缤纷花林区。以春夏季蔷薇科观赏灌木为主，包括各类樱花、海棠等，兼有秋季桂花、冬季梅花的种植，四季花木不断，另有其他常绿落叶大乔木，保证四季有绿，再搭配红枫、鸡爪槭等分层配置，四季色彩缤纷，层次鲜明，极具观赏价值。

（4）千荡育林区。大片的林海花木，在注重生态效益和防护功能的同时，增加浆果类植物吸引鸟类筑巢，目前园区内已吸引湿地水鸟50余只。以相对静态的休闲方式为主，市民在林中充分感受森林的体验。同时设置健身步道，道路两侧种植高大市树银杏，体现泰兴特色。

（5）湿地景林区。营造岛屿和湿地，种植水杉、落羽杉、湿地松等湿生乔木，设临水栈道穿梭，具有良好的景观视野和较强的亲水性。

（6）林海生境区。以林木的种植和培育为主，相对规整的密林与溪涧花地结合使得森林氛围逐渐增强，并有鸟类、昆虫类等生物的参与，人与景观的互动性增强。

五、新技术、新材料、新工艺的应用

1. 反季节种植苗木技术的应用

主要针对夏季大树栽植技术，从选苗、运输、栽植及栽后科学管理、精心养护，采取全过程技术管控，为进一步提高超大规格林木的成活率，创新采用了地下导水技术、微喷技术等，并加大加深种植穴，做好渗水层，保证苗木根系透气，防止高温时产生乙醇损伤根系。

2. 雨水资源化利用技术的应用

（1）园内局部硬化地面均采用透水性石材、透水性混凝土，预留出足够多的透水地面，使更多的雨水能够顺其自然地渗入地下沉淀，起到灌溉绿地和补给地下水的作用。

（2）在施工过程中将雨水收集后，经过渗蓄、沉淀等处理，集中存蓄，用于施工现场部分绿化苗木的灌溉。

3. 微喷技术的应用

为提高名贵、难存活苗木的栽移成活率，在其树冠部位均匀布置微喷，采用固定式微喷头，保障对移植树木充分的水分供给，降低树木温度，保证叶面喷水均匀、受水量尽可能一致。

4. 杉木桩土工网植草护坡技术的应用

土工网可以有效地促进植被和泥土的粘合程度，固化土壤结构，保护土壤，促进植被生长，且在湖与河道的边缘位置打入杉木桩，高低错落。

5. 生态植草沟的应用

沿园内健身跑道两侧设置生态植草沟，内设塑料盲沟与周边湖、河道连接，形成良好的蓄水净化体系。

6. 草坪增绿剂的应用

草坪增绿剂主要用于冬季草坪的养护，可以有效增强青草的光合作用，促进植物生长，提高草坪的观赏效果。

图 9　生态湖泊

图 10　生态植草沟

图 11　曲径通幽

图 12　健身步道

图 13　土丘造型多变

7. 植物防冻液的应用

植物防冻液主要用于冬季植物的养护，可以在植物表面形成一层保护膜，起到御寒作用，降低防冻指数。

项目荣誉：
本项目获 2020 年泰州市城乡建设系统优秀风景园林工程设计贰等奖。

图 14　芦苇丛生

图 15　绿意盎然

图 16　卵石路

图 17　树木成林

图 18　亲水平台

图 19　透水石材广场

图 20　景观造型

东莞清溪润溪悦里花园项目展示区园林工程

——深圳市绿奥环境建设有限公司

设计单位：广州怡境景观设计有限公司

施工单位：深圳市绿奥环境建设有限公司

工程地点：广东省东莞市清溪镇

项目工期：2019 年 3 月 28 日—2021 年 7 月 31 日

建设规模：绿化铺装面积 10010 平方米（其中绿化面积 910 平方米）

工程造价：853.67 万元

本文作者：丘华盛　深圳市绿奥环境建设有限公司　高级工程师、项目经理

谢庆美　深圳市绿奥环境建设有限公司　工程师、技术负责人

徐惠芬　深圳市绿奥环境建设有限公司　工程师、园林工程师

图 1　入户大门 1

一、工程概况

东莞清溪润溪悦里花园项目展示区园林工程位于东莞市清溪镇，工程绿化铺装面积约10010平方米，包括绿化种植养护、园林绿化、小品等（图 1 ～图 20）。

图 2　入户大门 2

图 3　小区草地内仿真动物雕塑品

图 4　小区草地内雕塑品

图 5　小区道路铺砖，白蓝色配对

图 6　小区主入口广场雕塑小品 1

图 7　小区主入口雕塑小品

二、工程理念

本工程将主要绿化景观置于楼宇中间，总体设计形如半月亮，鸟瞰时，给人以开阔、大气、绿色、通畅、互联的感受。流畅的主园路与曲线形的次园道互联互通，带给小区业主舒适的休闲空间。

园内设置了特色水景广场、儿童游乐区等。主入口广场的双环雕塑小品寓意欢迎居民入住；置于水景旁的景观亭以罗马风格展示独特风采。

入口景观道采用彩色透水砖以人字形铺装，特色花钵在绿树之中尽显特色个性。斜飘鸡蛋花配驳岸腊石，红中露黄。叠水步道、花园、泳池、廊架、平台、栈道，完美地构成了宜居画廊。

丛生朴树、丛生乌臼、凤凰木、丛生铁冬青、洋蒲桃、红花鸡蛋花、紫薇、人面子、澳洲火焰木等苗木，乔灌结合，高低搭配，红花绿叶，四季如画。

图 8　小区内的儿童游乐区

图 9　小区内乔木、灌木种植 1

图 10　小区内乔木、灌木种植 2

图 11　小区内乔木、灌木种植 3

图 12　小区内乔木、灌木种植 4

图 13　小区内乔木、灌木种植 5

三、工程的重点及难点

本工程的施工重点及难点在于：场地移交缓慢且间隔时间较长，出现了做完第一个地块等第二个地块，做完第二个地块等第三个地块的不正常情况；而一旦有了场地，又对工期要求很紧，这些都给施工带来了不少的困难。对此，公司组织项目班子长驻工地，见缝插针，突击抢干，按照先地下隐蔽工程、后地面覆土，先埋设电线水管、硬质铺装，再绿化种植的顺序分片（段）施工，保证了工期及景观的整体性。为了不因场地影响工期，对现场所需材料、苗木都提前作了计划、预订，一旦条件成熟，可以保证随时到场。在实际日常工作中，保持与业主、设计、监理的良好联系沟通至关重要，得到他们的理解支持，大家相互配合，可以减少许多矛盾，为工作提供便利。

图 14　小区内乔木、灌木种植 6

图 15　小区内园路铺砖、苗木种植 1

图 16　小区内园路铺砖、苗木种植 2

图 17　小区内乔木种植 1

四、新技术、新材料、新工艺的应用

公司把现代化的先进工艺和施工方法、先进技术应用到工程中，大力推广新技术、新工艺、新材料、新设备、新结构以及节材、节能技术措施，不仅保证了工程质量，消除了工程隐患，提高了施工效率，而且还带来可观的经济效益。

1. 防腐木材施工工艺的应用

项目所用防腐木材采用香杉木制作而成，材料经过药物浸泡、高温蒸煮烘烤、防腐、碳化等工序，具有防腐烂、防白蚁、防真菌的功效及物理性能，自然、环保、安全。

2. 钢结构施工工艺及激光切割设备

招牌采用 2mm 厚 Q235 不锈钢板，运用不同规格的扁通及铝通格栅形成适应该小区建筑风格的图案，后喷暗红色氟碳漆。针对本工程，施工工艺包括抛丸、整平、切割与折弯，以及专业厂家焊接加工，安装精度以 mm 为单位，尽量保证误差在 1mm 以内。为满足钢板连接部位的切割质量，采用激光切割设备进行切割处理，要求出图必须到工厂加工的要求，既保证了整体的牢固、平稳、美观，又便于现场安装，减少现场施工工序，是值得推广的好办法。

3. 氟碳漆涂料的应用

本项目中铁艺栏杆为 50mm 宽、5mm 厚扁铁结构，面饰黑氟碳漆，栏杆总长约 200m。其中，氟碳漆是引进国外技术并采用进口原料精制而成的，在行业内称“涂料王”，它是以含氟共聚树脂或氟烯烃与其他单体共聚物为主成膜物质，经加工改性、研磨制成的涂料。与一般涂料相比，有着无可比拟的耐候、耐久、耐酸碱、耐化学腐蚀、耐热、耐寒、自熄、不粘、自润滑、抗辐射等优良性能，它的使用寿命是普通涂料的 3 ～ 5 倍，既节材又环保，美观大气，与主体建筑物色调、风格相匹配。

4. 卵石排水沟施工工艺及节能材料的应用

该项目地面及屋顶景观工程中均做了卵石排水沟，通过设置 30mm 厚的树脂混凝土排水沟盖板后铺鹅卵石，既迎合周围的建筑风格，又加强排水性能。其中，树脂混凝土排水沟盖板由合成树脂、填料、砂石组成，在混合时加入硬化剂和加速剂，然后填入模具，振捣后几分钟就可以脱模，得到树脂混凝土构件。树脂混凝土环保，不需要长时间的养护。

树脂混凝土强度大大高于普通混凝土，使得树脂混凝土构件重量较轻，运输方便，更节能环保。另外，树脂混凝土构件的表面较光滑，抗腐蚀性能强，不渗水。相对于传统排水沟，卵石排水沟更加坚硬，抗冲击、抗压及抗弯强度高；抗腐蚀、耐高温、耐冻，使用寿命长，维护费用低；施工过程中直接在工地现场加工，安装方便，节省材料。沟面置卵石，增加了自然观感，是一种新尝试。

图 18　小区内乔木种植 2

图 19　小区内乔木种植 3

图 20　小区行人道路

歌尔绿城国际青年社区项目二期非样板区景观工程

——浙江天姿园林建设有限公司

设计单位：上海绿城风景园林设计有限公司

施工单位：浙江天姿园林建设有限公司

工程地点：山东省潍坊市高新区

项目工期：2019 年 5 月 10 日—2020 年 9 月 30 日

建设规模：45000 平方米

工程造价：3220 万元

本文作者：郭征　浙江天姿园林建设有限公司　高级工程师

图 1　鸟瞰图 1

图 2　鸟瞰图 2

图 3　鸟瞰图 3

图 4　鸟瞰图 4

图 5　宅间绿地 1

一、工程概况

歌尔绿城国际青年社区项目二期非样板区景观工程位于山东省潍坊市高新区，工程主要包含硬质景观（道路、广场、水景、涌泉、廊架和树池施工）和软质景观（地形塑造、乔灌木与地被的种植及搭配）两部分内容。施工范围内的主要景点有贯穿整个施工区域的大量地面石材及硬质铺贴、富有造型的地面花岗岩板拼装和绿化群，以及特色水景、特色树池、特色廊架、电气照明和景观小品，是一个综合性的园林景观工程（图 1～图 20）。

二、工程理念

本项目不同的景点运用不同点景手法，利用植物围合而成。具体是通过植物造景，利用不同材质及颜色的铺装及景观小景来划分空间，以此形成了多样化的生活休闲场所。特色池塘的循环使用与大自然的规律相适应，从高处俯瞰，各个功能区与绿荫坡地连成一体，突出了人、景之间的结合。花架简洁大方，铺

图 6　宅间绿地 2

图 7　宅间绿地 3

装线条整齐、平面平整、图案清晰流畅。植物种植做到与建筑风格吻合，兼顾多样性和季节性，进行多层次、多品种搭配，组合成多个特色各异的群落，整体营造了一个舒适、安全、阳光的居住环境。

图 8　宅间活动场地

图 9　园路 1

图 10　园路 2

图 11　园路 3

三、工程的重点及难点

（1）风雨连廊。采用的不锈钢结构，为实现最终施工效果，采用工厂半成品加工，现场再进行拼装焊接面层喷漆，这样就需要严格的控制加工精度。特别是格栅的安装和后期的喷漆，格栅的跨度很长，厚度很薄容易弯曲，又需要多根拼接，拐角处的90度角的控制要精确，这就需要在施工前期有很好的精度控制，不断得修正校对。后期的喷漆，采用现场施工，如何做到防尘施工，都是对现场施工管理者的考验。

（2）特色戏水池。结构采用C25P6抗渗钢筋混凝土，防水采用JS防水涂料，饰面采用25m×25m×5m窑变湖蓝色陶瓷锦砖。施工过程中对每个细节进行重点监控，防止出现下沉、开裂、渗漏、返碱等现象。戏水池的跨度比较大，为避免后期开裂渗水，水景内侧采用吊模施工，确保C25P6抗渗混凝土一次性浇筑完成，减少施工缝，钢筋混凝土池底下砌筑240mm厚支撑连续墙，间距为3m1道，确保戏水池结构无下沉现象。

（3）儿童游乐场。以经典动画片（如冰河世纪、马达加斯加）为设计意向进行方案深化，提炼主题，让孩子们在这里玩耍时有更深的代入感，增加游戏的故事性。沙坑游戏板块漂移、地雕模型纽约城再现、滑梯采用空中乐园等，各种小的标识都采用动物的卡通形象，以增加孩子们的亲近感。

图12 园路4

图13 园路5

图14 景墙

图15 游泳池

四、新技术、新材料、新工艺的应用

1. 新技术、新工艺的应用

（1）景观水体循环净化系统。本项目中的景观水池施工使用了新型的水体循环净化系统，通过该设备可以提高水质、减少换水频率。实践证明该系统方便了工作人员管理并提高了景观水体观赏性作用。景观水体循环净化系统于 2018 年获得了实用新型专利证书。

（2）移栽设备。植物移栽过程中使用了新型的植物移栽设备，将树木放在这种装置上进行移植时，可有效减少树木的树冠与地面的摩擦，有利于保护树冠，保证树木移植后的完整性。实践证明，此设备在转运植物过程中确实起到了减少树木伤害的作用。该移栽设备于 2018 年获得了实用新型专利证书。

（3）滴灌技术的应用。本项目在重点区域部分使用了滴灌系统，水湿润部分土壤表面，可有效减少土壤水分的无效蒸发。同时，由于滴灌仅湿润作物根部附近土壤，其他区域土壤水分含量较低，因此，可防止杂草的生长。滴灌系统不产生地面径流，且易掌握精确的施水深度，非常省水。环境湿度低，滴灌灌水后，土壤根系通透条件良好，通过水中注入肥料，可以提供足够的水分和养分，使土壤水分处于能满足植物要求的稳定和较低吸力状态，灌水区域地面蒸发量也小，可以有效控制保护地内的湿度，使保护地中作物的病虫害发生频率大大降低，也降低农药的施用量。滴灌还可减少除草，也不会造成地面土壤板结。

（4）低影响开发（LID）方面，应用雨水回收技术。雨水回收技术在绿化区域边缘的应用能够将自然资源进行科学合理的利用，通过各种处理技术和机械设备的处理，将雨水资源进行净化处理，并将其存蓄用于水资源短缺的季节，有效缓解水资源不足的情况，节约水资源。同时雨水资源还可以为园林植被提供必要的水源，提高植被的存活率。

（5）BIM 技术的运用。本项目通过 BIM 技术，把二维图纸变成三维空间模型，这大大增加了图纸的准确性，而且可以对图纸的局部进行修改和调整，并不影响其他的界面。

2. 新材料的应用

（1）新型药剂：植物养护管理中新材料的应用。

图 16　宅间植物 1

图 17　宅间植物 2

“植根源”新型生长抑制剂的应用：本项目中的大叶女贞为常绿阔叶树种，在落果期，果实落到地面会污染环境，于是在养护过程中于盛花期喷洒“植根源”，抑制其结果，效果非常显著。

ABT-3 生根粉的应用：ABT-3 生根粉对于常绿针叶树种及名贵难生根树种的快速生根、提高成活率具有明显效果，特别是大树移栽时的效果尤为显著。

保水剂的应用：采用保水剂加强土壤的储水保水能力，提高苗木的成活率。在边坡防治方面应用保水剂，可显著提高边坡防护植被的抗旱能力。

（2）乔木支撑：该项目建设中，景观大乔木移植后即采用多功能热镀锌钢管高支撑，确保树木尽快定根、进入恢复生长。此类支撑能反复利用，胸径抱箍可根据树木生长调节周长，从而更符合植物枝干生长变化，使得施工、养护更为便捷，节省了一定的劳动力成本。

（3）陶瓷透水砖：本项目在很多区域使用了陶瓷透水砖铺装（基础为透水混凝土），本次使用的是以废陶瓷片等块状无机非金属材料为主要原料与水泥浆等搅拌，经压制成型、坯体干燥、高温烧成等工艺制成的陶瓷透水砖，具有透水性、保水性、防滑性、降噪、施工方便等特点，同时也使废陶瓷被再次合理利用，变废为宝。

图 18　宅间植物 3

图 19　宅间植物 4

图 20　宅间植物 5

河北省第四届（邯郸）园林博览会衡水展园

——天津天一景观规划设计有限公司

设计单位：天津天一景观规划设计有限公司
工程地点：河北省邯郸市复兴区西湖公园
项目工期：2019年10月22日—2020年9月15日
建设规模：7000平方米（绿化面积5600平方米，古建面积300平方米）
工程造价：800万元
本文作者：刘庭风　天津大学建筑学院　教授
肖荣雪　天津大学建筑学院
姜昊岑　天津大学建筑学院

图1　全园鸟瞰图

图 2　展园入口，设立砖纹景墙，上用小砖拼搭“儒乡园”

图 3　入口处月洞门，取状元之名，强调园林主题

图 4　楹联细节：“鸿鹄腾飞直登金榜首名，君子苦学礼乐六艺皆精”

一、工程概况

2020 年河北省第四届（邯郸）园林博览会由河北省邯郸市复兴区承建，以“山水园林情，绿色复兴梦”为主题，遵循“城市双修，乡村振兴”的设计理念。儒乡园为 2020 年河北省第四届（邯郸）园林博览会中的衡水展园。衡水展园位于整体展园中部偏东的位置，为主入口入园后第一个地市展园，占地 7020.15 平方米。南北链接主要游线环路，与总园主入口和秦皇岛园相邻，交通方便，设施完善（图 1～图 21）。

图 5　砖艺小品，象征礼乐六艺“礼乐射御书数”

图 6　砖艺小品，象征六艺中的“御”，即御车之意

图 7　中心建筑勤学廊远瞰，取“四周有水，形如璧环”之意

二、工程理念

衡水展园的设计以突出展示衡水市历史与文化特色为主要目标，并根据历史上冀州的景观元素和空间特点，与现代的设计手法相结合，创造出历史与现代交融、文化与科技共生的多元化展园。

衡水展园园区中心分布有桃李种植区和衡湖湿地景区，是儒乡园生态设计的最主要部分。桃李种植区用大量的桃树、李树暗喻衡水教育桃李满天下的成就。衡湖湿地景区以衡水湖湿地为设计来源并进行元素取采，象征着衡水人杰地灵的人文环境。

儒乡园的建筑是本园最大的特点所在，首先是顺应场地自然肌理作为园林景观构成基础；其次拒绝设计高能耗景观小品，充分利用阳光、自然通风以及降水等自然资源；最后充分考虑衡水当地特有的人文精神，以丰硕的教育成果及理念展示作为主要脉络，充分体现具有衡水特色的场所精神。在材料选用方面，选择青砖是力求对乡土情结的回归，在景观设施及建筑中用平常的材料，通过景观设计的手法，结合美学设计理念，组合而成具有新时代意义的景观，营造出既时尚又乡土的景观效果。

三、工程的重点及难点

本工程中建筑材质选用烧结装饰清水砖，园内选用的材质规格有 240mm×115mm×90mm、240mm×115mm×53mm、250mm×120mm×65mm 等。墙体采用“纵顺”的砌筑方式，即外墙装饰砖顺墙长方向组砌；里墙使用普通多孔砖梅花丁组砌；也可以用三顺一丁组砌；中间为夹芯保温层，采用聚苯板，外墙装饰层与里墙体之间用钢筋连接(每三层连接一次)或用丁头砖连接里墙。

本工程的施工操作要点在于烧结装饰清水砖的建筑小品砌筑以及造型处理。

确定排砖方式，如“一顺一丁（梅花丁)”“三顺一丁”“满丁满条”“一丁一斗”等；又如选用斗砖形式，砖体规格厚度不宜小于 115mm。根据建筑物立面图进行深化排砖设计，确定门窗洞口四周及各个大角位置处的砖砌体尺寸。

首先根据深化排砖图在建筑外立面结构实体上弹出轴线和标高控制线。标高控制线每层设置一道，要做到各立面交圈统一，特别是起步标高控制线复核无误后，每层砌筑前应根据排砖图，在各立面结构实体上弹出灰缝线、皮数线，做到层层控制，减少应砌筑误差造成的灰缝不交圈，影响整体观感。

清水墙所用砌块应选择棱角整齐，无弯曲、裂缝，颜色均匀，规格基本一致的砖。在砌筑前根据砖砌体的大小尺寸进行分类，以便在砌筑中通过砌体大小的搭配来准确控制墙体长度。砌筑前砌块应提前 24h 进行浇水湿润，砌筑砂浆应严格按照设计要求控制配合比。砌筑时，灰缝必须饱满。

根据设计要求，构造柱、圈梁均为暗设。其中，构造柱应待砌体砌筑完毕后进行混凝土浇筑，间隔时间应＞12h。圈梁因外侧砌体厚度较小可先浇筑，外侧砌体采用湿贴。为避免因构造柱浇筑时胀模影响清水墙外立面的平整度，模

图 8　中心水池与“五好”砖柱，象征德智体美劳

图 9　廊中观柱，廊下景墙可框住中间景色

图 10　“思如泉涌”匾额，位于劝学廊正前方

板支撑间距应加密设置，间距≤600mm，同时分段分层浇筑。采用30mm的振捣棒或人工敲打模板方式振捣。拉结筋等构造措施按设计要求布设。

注重形体美学，保证园林小品与外部道路的纹理连接性与一致性，同时道路铺装采用鱼鳞式的铺装形式，在施工中注意混凝土色调与清水砖色调的契合度，保证园林的视觉美感。

图11　勤学廊二层俯瞰，可俯瞰整个中心景区

本工程的施工难点在于对墙体泛碱的处理。首先是调整施工方式。对传统的施工方式进行调整，对容易出现析白的背阴面、楼梯口、施工洞口、垃圾口、厨卫等部位的潮湿处，避免在阴雨、低温环境下施工。同时改换浇水方法。采用喷头定时淋浇替代用塑料管直接冲浇的方式，使表面均匀，无局部积水和高部位缺水的情况。并加以养护膜覆盖，减少水的二次渗入。总体来说，就是利用清水进行浸泡、冲洗与外部隔绝来达到抑制墙面泛碱的目的。

在植物种植方面，注意按图纸绿化工程的布置和种植要求，在适合的区域内进行种植，种植前应在种植区内进行地表准备。种植前首先勘察现场的土质情况，确定土质是否适合所栽植物生长，苗木生长时要换土，以保证成活

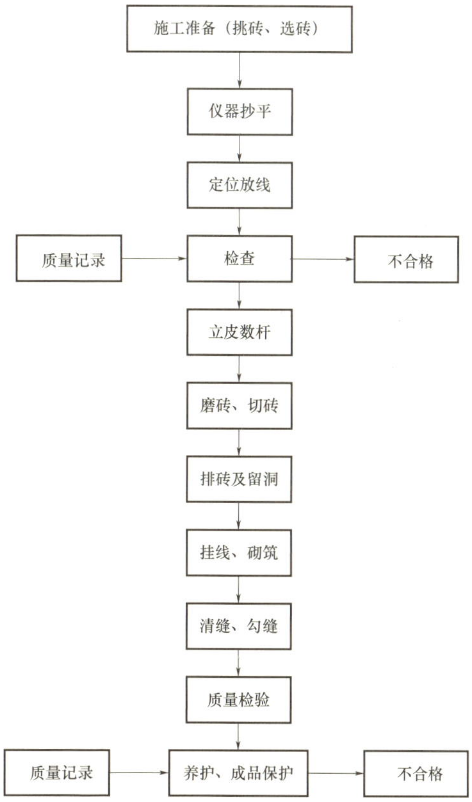

图12　清水砖的施工工艺

率，在缺少表土或厚度不足的表土层上种植苗木时，应加熟土，使土壤厚度达到苗木生长所需的最低厚度。需要铺植草坪的地块，铺植前应用铁耙进行土壤细整，有利于草皮铺植后与土壤充分接合，提高植物生长率。

同时，由于工期紧，任务重，施工干扰大，组织协调难度大，做好组织协调及施工配合也是本次工程的施工重点。通过制订科学的施工进度计划和切实可行的工期保证措施，合理划分施工块段，以及工种与机械的配置，确保按期完成施工任务。并针对本工程建立完善的质量保证体系以实现工程质量目标，把质量管理职责落实到每一个管理者、操作者的身上，抓住施工过程的质量控制难点，制定严格、详细的施工方案和质保措施，确定工程质量达到优良。

图 14　“五好”柱细节，上书前贤劝学之言

图 13　勤学廊南部，背后连接化生桥

图 15　卓越亭，位于全园至高处

四、新技术、新材料、新工艺的应用

1. 清水砖的应用

衡水展园以清水砖为主要的建筑材料，全园的景观小品、建筑、铺装等均使用清水砖进行施工。清水砖的运用是衡水展园的一大特色。

（1）清水砖的建筑特性及生态功能

砌筑、承重、装饰、保温一次完成的清水砖墙体是集承重、装饰、保温等功能为一体

图 16　卓越亭中砖艺细节，刻录董仲舒的治学思想

图 17　卓越亭中窥探劝学廊，可俯瞰全园景色

图 18　水景驳岸，置石与环境融为一体

图 19　瀑布水景：瀑布的水声活化了整个场地

图 20　道路铺装细节 1：砖艺与其他材质的融合

图 21　道路铺装细节 2：铺装与周围环境的融合

的建筑墙体，由清水砖一次性砌筑完成，既可用于各种建筑物的外墙装饰，也可用作建筑物整体装饰中的局部装饰和非卧室部分的内墙装饰，还可以制作成装饰景观或立体图案。

这种砖材墙体具有吸收与排除水分的呼吸功能，具有自然调节室内温度与湿度的功能，可以增加室内居住环境的舒适度，并且如果采用多孔砖砌筑墙体，还可以有隔声的作用。

清水砖墙装饰艺术有着良好的建筑语言表达能力，清水砖墙的自然效果可以诠释出其艺术承载的文化理念，其墙体色彩哑光自然，砌筑的建筑物风格古朴、大方、典雅、庄重、美观且个性鲜明。

清水砖不但节能环保、变废为宝，具有质轻、保温、隔声等优点，而且还具有一些特殊优点，其砖材外表可以自带图案及装饰颜色，可以直接作为墙体外表面而不需要其他的装饰，可以加快施工进度，减少工程成本，是兼具墙体承重和装饰功能的新一代创新型墙体材料。

（2）清水砖砌体的使用特性

节省砌筑成本，降低建筑造价。清水砖墙砌体建筑，相对于其他砖砌体建筑物，可节省外墙装饰费用，大大节省成本与工期。首先，节省保温施工的工期，其中包括外墙保温层的抹灰时间；其次，节省装饰性外层的施工时间，包括外墙装饰砖的施工或涂料粉刷时间。这样会大大加快施工进度，一般来说可以缩短工期一个月左右。如果采用其他形式的外墙装饰方法往往需要在主体工程及砌体工程完工后，先挂网做保温层，再做砂浆抹灰找平层，然后抹粘合剂来粘贴装饰面砖或者粉刷涂料面层，不但施工繁琐，而且工期较长。而采用清水砖墙砌筑的墙体，不但建筑效果较好，而且造价较低。

墙体质量好，抗震性能好。清水砖墙主体墙与装饰层实为一体，外墙不开裂、不褪色、不脱皮。凝固后的砌筑砂浆和砖孔洞之间相当于锚接，可以大大增强灰缝的强度以及墙体的抗剪强度，主体结构层与装饰层连接稳定。

使用价值好，适用范围广。烧结清水装饰砖墙实用性较强，一般使用在 6 层以下或者独栋的建筑物上。比较适用于艺术文化气息浓厚的优质建筑，以及典雅古朴的仿古建筑、自然式的乡村建筑、欧美风格的建筑以及精品围墙等。产品档次较高，其艺术及文化风格是古老的黏土烧结砖的延续和发展。

2. 真空吸水工艺的应用

园林道路是园林景观体系的重要组成部分，选择合理的技术实现园林道路的铺设至关重要，下面我们来探究当前使用比较多的铺地新工艺。在整体路面施工的时候，用真空吸水工艺的方式来处理，是铺地工艺新技术的核心所在。这种技术的优势在于：真空负压的压力作用和脱水作用，可以使混凝土的密实度得以不断提升，水灰比得以降低，从而使对应的混凝土能够最大化地发挥其物理力学性能，这对于解决混凝土工作强度问题是很重要的。除此之外，注重铺地工艺技术还有利于防止混凝土在施工期间的塑性开裂，使路面的使用寿命得以不断延长。

3. 微灌溉技术的应用

为了使园林中的树木、花草能够较好地生长，现代园林工程中多应用微灌溉技术对其进行水分补充。利用这种灌溉技术可以在园林中将灌溉设备连成灌溉系统，能够较为有效且均匀地为园林中的各种植被提供水分。这种技术能够有效地节约水资源，其灌溉效率可达到 90% 以上，同时因为水流较小，能够避免养料的流失。微灌溉技术能够实现自动化，减少园林劳动力的需求，并且能够较好地满足植被生长的需求，促进植被的蓬勃生长。

闲庭四艺酒店且思园

——秦皇岛华文环境艺术工程有限公司

设计单位：秦皇岛华文环境艺术工程有限公司

施工单位：秦皇岛华文环境艺术工程有限公司

工程地点：秦皇岛燕山大学

项目工期：2020 年 4 月—2020 年 10 月

建设规模：2632 平方米

工程造价：405 万元

本文作者：张爱民　秦皇岛华文环境艺术工程有限公司　董事长

李东皎　秦皇岛华文环境艺术工程有限公司　设计师

图 1　闲庭四艺酒店外景

图2　且思园入口

图3　竹西苑“归竹坊”

图4　归竹坊夜景

一、工程概况

且思园位于秦皇岛燕山大学，围绕闲庭四艺酒店周边建造，由北棠、竹西、梅南、东桂、揽风五苑组成，辅以归竹坊、得雨亭、云唱台、沐心斋、让一馆等五个园林建筑。

闲庭四艺文化空间注重宋文化（插花、挂画、焚香、点茶）的展现和传统文化的弘扬与创新。南宋和北宋是中国古典园林进入成熟期的第一个阶段，禅宗引至日本，进而形成的枯山水的概念也源于宋。且思园正是遵循闲庭四艺的主旨思想而建设，在各种园林要素上均有探索实践。园内种植的各种花木，入镜、入画，与楼内宋文化主题文宣遥相呼应，并与客房“花间”主题楼层相对应，住客可随季节亲身赏花、采摘，更使得酒店层层观花、楼楼赏景（图1～图20）。

二、工程理念

且思园在建设过程中“且建且思”，并结合人生“且行且思”之理念，意在将人生经历通过造园和游园加以展现。造园即是造心境，游园即是游心情。让游人通过园中各点感受人生旅程，从而引发更深层次的人生思考。正如人生的经历从“揽风”“得雨”“云唱”的得意之时，到“沐心”的思考阶段，再到“归竹”的归隐状态，最终达到“让一”的这种更高的精神境界。

三、工程的重点及难点

北棠苑位于酒店北侧室外的三角地带。此地带与北侧副楼之间为公共通道，一路相隔，外部人车流动，为保持酒店闲逸氛围及纯净视野，将此地带做巧妙微地形处理。削弱通道直通横断的感觉。同时结合主题，栽植各种海棠。辅以草坪及景石覆盖地形，形成曲径立体的园林景观。

竹西苑位于酒店西侧，苑内密植青竹。以竹为营，各设独立私享空间，形成多方品茗的休闲之处。其中，“与谁同坐轩”采用金属框架，扇面造型，初衷为苑内演绎共享。由于要考虑到从围墙外向内观看视觉及园内轩举架高度之间的关系，既不能让轩顶露出围墙，同时轩举架不影响人对高低的心理感受，我们采用硅酸钙板叠铺，形成瓦面效果，加之轩顶防水的满设，最大程度降低轩顶的厚度，保证了轩

图 5　云唱台

图 7　沐心斋园景

图 6　沐心斋

内外的观赏与使用功能。建成后，形成独特的苑内一隅。

得雨亭处于边带高设，利用假山叠石耸立一方，为苑内制高点。同时，南侧苑内紧邻城市主路河北大街，使得更多路人一瞥园林一景，引人入胜。得雨亭没有采用古建筑传统制式建造，而是利用现代装饰材料，将混凝土、复合板瓦进行组合，提炼古建亭式造型精华，形成新中式意味四角方亭。亭下一方水池采用和竹西苑同式营造。

梅南苑内原有消防泵房顶盖和铸铁弯形通风管散置，影响园林景观效果。金属弯形管道经过设计改造，形成U形造型，并连接金属链串，吊挂同心锁。加之宋词小句点缀，让客人趣味体验，亦成微景观。泵房顶盖采用砖砌体，同时，四周用板瓦叠砌鱼鳞形漏窗，呼应枯山水，成为一景。

梅南苑地下为原有消防泵房，结构坚固，土面80厘米以下为泵房钢筋混凝土房盖，另外，地下原有粗大系统管道的纵横铺设，致使无法改动，加之梅南苑为且思园之主园、大园，并为设计叠山理水之处，据此特殊情况，叠山合理避让泵房结构，理水采用真水（浅滩白砂仿生池）、假水（白砂枯山水）巧妙规避水系的池深限制，并实现水系多变，季节自然的景观效果。

园内强调景观与主楼的密切联系，从花木的配置、各苑的名称、附属建筑的命名，甚至从古画构图延伸真实景观，无不体现与主楼的浑然一体。

园内的灯光亮化，明暗有序、用心尝试、精心布置，形成独特的夜间氛围和晴日无法观赏到的迷人效果。

图8　揽风苑

图9　北棠苑园景

图10　竹西苑“与谁同坐轩”

图 11　梅南苑“得雨亭”

图 12　梅南苑

图 13　与谁同坐轩

图 14　梅南苑景观

图 15　东桂“让一馆”

图 16　揽风苑入口

图 17　竹西苑“与谁同坐轩”

四、新技术、新材料、新工艺的应用

（1）竹西苑内的“与谁同坐轩”屋顶采用硅酸钙板衬底，硅酸钙板裁切长方形，叠铺形成瓦片状。加上砖灰氟碳漆钢管的配合造型，形成有层次的瓦面形状，呈现新颖的仿古瓦面效果。更重要的是保证了整个轩的最初设计高度限制要求。

（2）且思园内的几处亭、轩及附属仿古建筑均采用金属框架，辅以砖灰色氟碳漆饰面，屋面多采用精选树脂复合瓦铺装。摒弃传统古建的大木、瓦石制式做法，辅以现代工艺和理念，迎合酒店新宋式风格的延展。

图 18　景观俯瞰

图 19　梅南苑园景俯瞰

图 20　东桂“让一馆”小径

佛山西站一期路网工程项目绿化提升工程

——朗迪景观建造（深圳）有限公司

设计单位：上海市政工程设计研究总院（集团）有限公司
施工单位：朗迪景观建造（深圳）有限公司
工程地点：广东省佛山市南海区
项目工期：2018 年 8 月—2019 年 1 月
建设规模：25000 平方米，其中绿化面积 18500 平方米
工程造价：1193.22 万元

本文作者：陈冬霞　朗迪景观建造（深圳）有限公司　总工程师
陈文娜　朗迪景观建造（深圳）有限公司　项目经理
莫文善　朗迪景观建造（深圳）有限公司　执行经理

图 1　佛山西高铁站进站大道入口处

图 2 入口处中间绿化带的始端以绿岛的形式引导车辆分流

图 3 具有民族特色的招牌格外引人注目

图 4 绚丽多彩的中间绿化分隔带

一、工程概况

本工程位于佛山市南海区狮山与罗村交会处，以佛山西站为中心向四周辐射，是联通佛山西站主站场与周边四周进出入的最主要市政配套设施之一，工程还包括周边的微小公园改造（图 1 ～图 18）。

二、工程理念

位于大湾区门户之一的佛山西高铁站，其设计理念是要达到视觉醒目、环境舒适、耳目一新的目标。佛山西站一期路网 PPP 项目绿化提升工程，是以车站广场对开的市政道路绿化提升为主的改造。

三、工程的重点及难点

（1）多专业配合，交叉施工。主要内容包括场地测量、修整地形、给排水系统、电气照明系统、土建工程、装饰工程、绿化及养护工程等。涵盖专业包括建筑、装饰、给水、排水、电气、绿化等，需要各专业人员配合施工。

（2）施工工艺精益求精。本工程作为大湾区门户之一的佛山西高铁站外围建设，对施工工艺要求高，材料和苗木均采用上等材质和品种，对工人施工技术的要求严格，所有环节均要达到精益求精的效果。

（3）设计变更多，施工需配合变更调整。为营造更好的景观效果，设计公司对本工程的图纸按现场进行了多次修改，公司为配合设计修改，多次调整施工工期，变更指令增多，变更施工方法，也造成本工程施工成本增加。

四、新技术、新材料、新工艺的应用

1. 专利技术的应用

（1）一种路面排水结构

专利号：ZL201621282835.1

应用：现有路面排水集水井包括盖板及漏水板，缺点在于当水流量较大时排水缓慢，公司对此进行了改良，扩大了排水口的整体面积，保证了排水效率，同时由于每个排水口的宽度并不大，挡污板具有较好的挡污性。

（2）一种土壤改良结构

专利号：ZL20162128476.0

应用：此技术专门针对改良土壤结构，由下到上依次包括底肥层、沸石层、黑土层及松针层。根据本工程种植区域的土壤情况，运用该技术进行土壤改造，以提高植物生长能力。

2. 施工管理方面新技术的应用

（1）采用 P6 软件，控制及管理施工进度计划，效果较好。P6 是集项目进度计划编制、动态控制、资源管理和费用控制于一体的综合进度计划管理软件，其应用提高了企业的综合管理水平。

（2）利用 GPS RTK 卫星定位放线，减少了各专业交叉施工的影响，特别是解决了通视问题，提高了效率，保证了工程质量。

（3）机电施工地下管线中作为试点，引入

图 5　绿道与宽阔的人行道并排，两边配置茂盛的乔木

图 6　设计有条理的回旋车道，分隔的小地块配上和谐的灌木，形成一个个小绿岛

图 7　中间绿化带连排的黄花风铃，开花时节，犹如一条金龙

图 8　二期在建的马路人行道

图 9　建设中的车站大楼

图 10　车站旁边的微小公园

图 11　休闲小径，旁边配置了供市民憩息的凳子

图 12　公园内别具一格的凉亭

图 13　常绿乔木与落叶乔木相互高低错落搭配，使得在广东也能感受到秋天的颜色

图 14　小径两旁配置了层次丰富、色彩多姿的乔灌木

图 15　行人道旁边的文化墙

BIM 软件，为以后的应用打下了基础，是设计和施工协作配合的途径。

3. 其他新技术的应用

绿化区地下采用软式透水管，有效加强苗木生长势头，提高了绿化效果和质量。

4. 施工工艺方面的改善

（1）利用混凝土真空吸水技术，提高混凝土基层强度，加快了施工进度，也提高了混凝土的耐久性，保证了工程质量。

（2）对施工工艺进行改进，如尽量使用原土、加大树穴尺寸、遮阳等。

图 17　用于车辆导流的绿岛也配置了层次丰富的乔灌木

图 16　具有特色的文化墙

图 18　细小的绿化分隔带单排种上茂盛的乔木尽显特色

静安区文物保护点小德肋撒天主堂修缮工程

——上海泰固建筑工程有限公司

施工单位：上海泰固建筑工程有限公司
工程地点：上海市静安区大田路 370 号
项目工期：2019 年 3 月 3 日—2020 年 3 月 28 日
建设规模：古建面积 2698 平方米
本文作者：陈存夫　上海泰固建筑工程有限公司　高级工程师、总经理

一、工程概况

大田路天主堂位于上海市静安区大田路 370 号，建筑面积 2698 平方米，2017 年被列为上海市静安区文物保护点。教堂始建于 1930 年 10 月 3 日，是为纪念法国里泉尔圣衣院修女小德肋而建，故定名为“圣女小德肋撒堂”。该教堂为歌特式建筑风格，立面两侧设钟楼，内有宽敞的楼宇围廊，祭台上方有圆形穹窿，窗户与斗拱均呈半圆形。堂身宽可容近千人，堂内装饰精致，立柱、地砖灯罩等都标有小德肋撒玫瑰图案的特殊标志。

小德肋撒天主堂历经八十多年的使用，存在不同程度的自然老化与自然损坏现象，自 1992 年修缮至 2019 年，已有 26 年未有妥善维修，屋面多处损坏、屋顶局部渗水、门窗局部损坏严重；墙体表皮多处成片风化、粉刷局部起壳剥落，在灾害性气候发生时常有零星风化砖屑片及粉刷碎料从天而降；有组织排水系统也有部分损坏；管线普遍老化等，存在一定程度的安全隐患，严重影响教堂的正常合理使用功能，急需保护和修缮。

上海泰固建筑工程有限公司负责小德肋撒天主堂修缮工程的概念性方案设计、方案设计（建筑、结构）、初步设计（建筑、结构、设备、电气），以及拆除施工、结构修缮、外立面修缮、屋面修缮、地下室修缮、室内修缮、室外修缮、门窗修缮、安装工程。

二、工程理念

小德肋撒天主堂在修缮过程中真实、全面地保存并延续了教堂的历史信息和艺术、历史价值。

（1）最小干预，尽可能保留历史真实信息。尽量减少加固和围护措施的采用，以利于历史建筑的保护和修缮。为降低影响的程度，可以针对历史建筑以及其他部分不同程度的残损状况，采取相应的措施。譬如，壁炉、楼梯、木扶手等，只做了表面修缮、重新油漆等，其他仍旧保留原样，做到了最小干预，又保留了以前的历史信息。

（2）在修缮过程中对修缮材料的可逆性控制。基于文物建筑保护的原则，本次所有修缮工作均不直接损害文物建筑本体，且具可复原性，以便今后采用更科学、完整的方法重新修缮。

（3）在修缮过程中慎重对待文物建筑的历史缺失和历史增建，充分尊重文物建筑的历史原状。既尽量保留前者，又要使后者与原状必须保持相当的可识别性。

（4）现代材料和传统技术综合运用于文物保护取得较好效果。在文物构件的修复中，为了尽量保留真实的历史信息，公司运用了最为有效和合理的技术措施，并取得较好的效果。其中，在外墙清水砖、水泥仿石构件修复材料的成分配料中大量地使用了现代材料和工艺方法。

三、工程的重点及难点

小德肋撒天主堂外立面的清水墙、仿石窗框、装饰线条、玫瑰花窗及室内束柱、拱券等是本建筑最具有历史价值和艺术价值的部位，也是本工程修缮的重点及难点。由于历史原因和历年修缮不当，天主堂局部如清水红砖、仿石构件、束柱柱头、屋面百合花饰等已经损坏、脱落、粉化严重，无法按局部修缮加固工艺进行处理，唯有进行全面重新制作才能最大程度地恢复原有历史风貌。公司对重点保护部位的修复极为重视，多次组织文物局领导和文物专家莅临现场指导，并组织项目技术人员到其他类似工地学习，历经多次样板试验，采取多种施工方法，在各方努力下，终于选定了合适的施工方案，如表 1 ～表 7 所示。

表 1　教堂西（正）立面破损情况及干预措施

构件	修缮前照片	损坏情况	干预措施	修缮后效果
墙面		局部污损 墙面假清水粉刷	外墙清洗后，凿除原有假清水粉刷饰面，按规程规定修补、勾缝，详见清水墙修缮方案	
压顶		粉刷普遍龟裂	清洗面层涂料后，根据原骨、浆料材质、颜色及工艺，对破损位置分别局部小面积修补修复	
小柱		粉刷普遍龟裂，局部钢筋锈胀、保护层开裂	钢筋除锈、结构裂缝采用自流性聚合物砂浆修补，表面用同色同质粉刷修补	

续表

建筑饰券		粉刷普遍龟裂	裂缝采用自流性聚合物砂浆修补，表面用同色同质粉刷修补	
花式柱头		普遍污损、局部破损缺失	花式柱头清洗、修缮	
南塔楼		北立面水平粉刷线条破损、缺失；假清水饰面层局部空鼓剥落	水平粉刷线条破损、缺失按原材料仿制修缮；凿除原有假清水粉刷饰面，恢复、修缮原清水外墙	
北塔楼		南立面水平粉刷线条普遍污损	水平粉刷线条清洗修缮	

表2　教堂北立面破损情况及干预措施

构件	修缮前照片	损坏情况	干预措施	修缮后效果
墙面		一层清水墙面普遍中度风化、局部重度风化	清水墙清洗、修缮	
墙面		二、三层假清水墙面普遍重度风化，饰面层脱落，存在安全隐患	假清水墙凿除，修复清水墙	
勒脚		普遍返潮、污损	雨水管更换；勒脚清洗修缮	
勒脚		勒脚涂刷涂料	勒脚脱漆、清洗，缺损部位修复	

表 3　教堂南立面破损情况及干预措施

构件	修缮前照片	损坏情况	干预措施	修缮后效果
塔楼		水平粉刷线条粉刷局部破损、剥落	水平粉刷线条破损、缺失按原粉刷材料仿制修缮	
建筑饰券		粉刷普遍龟裂，局部脱落	裂缝采用自流性聚合物砂浆修补，表面用同色同质粉刷修补	
小柱		粉刷普遍龟裂、局部钢筋锈胀、保护层开裂	钢筋除锈、结构裂缝采用自流性聚合物砂浆修补，表面用同色同质粉刷修补	
墙面		窗洞上部饰面层剥落	清水墙清洗、修缮	

表 4　教堂东立面破损情况及干预措施

构件	修缮前照片	损坏情况	干预措施	修缮后效果
窗及百合立标		主堂东立面顶部圆形采光窗修改为矩形窗 山墙檐部分的百合立标缺失	现矩形窗恢复为圆形窗、圆形窗新做“木百页窗” 恢复仿石材质百合立标装饰	
钟楼东立面		钟楼东立面新开门洞并增设钢结构楼梯	钢楼梯拆除，门封堵，恢复清水墙面和线条	

表 5　教堂屋面破损情况及干预措施

构件	修缮前照片	损坏情况	干预措施	修缮后效果
斜天沟		防水卷材普遍老化	屋面翻修时防水重做	
封檐板		老化、干缩，局部破损	对于破损的封檐板进行更换	
女儿墙露台		粉刷普遍龟裂、污损	凿除所有露台的透空栏板的面层砂浆粉刷，去除镂空栏杆内的碎砖块，将保留的栏板扶手按照仿石材质修复工艺修复	

表 6　教堂拱券破损情况及干预措施

构件类型	照片	损坏情况	干预措施	修缮后效果
教堂拱券	   	房屋室内拱券普遍存在受潮、涂料起皮或剥落、拱券吊顶与墙面界面通长裂缝等损坏现象	找出屋面、墙面渗漏点 室内拱券吊顶铲除起皮、剥落涂料；修缮裂缝；重新刷涂料	

表 7　教堂楼梯破损情况及干预措施

构件	修缮前照片	损坏情况	干预措施	修缮后效果
东北侧木楼梯	 	木楼梯踏步板、踢脚板普遍磨损，油漆老化、剥落 木扶手油漆局部剥落	木楼梯踏步板、踢脚板、木扶手等木饰面油漆出白，重新油漆	 
西北角混凝土楼梯		混凝土楼梯多处防滑条缺失，水磨石面层磨损 梯段板板底涂料普遍起皮、剥落	楼梯水磨石清洗、补缺、打磨黄铜防滑条清洗，缺失的防滑条仿制安装	

四、新技术、新材料、新工艺的应用

1. 清水墙修缮施工方案（图 1）

（1）清洗：清理外墙覆盖砂浆后（参见砖墙砂浆清理方法）轻度清洗，先用中低压水枪冲洗，随后用软刷进行人工刷洗一遍，如内部尚存涂料，应用脱漆剂对内部涂刷的涂料进行脱漆，随后用碳硅刷进行人工刷洗，再用中低压水枪冲洗第二遍。

（2）修复：风化深度在 5mm 以内应去除粉化层后，采用专用砖粉随补随嵌，并做表面增强处理。

（3）严重风化和缺损修复：采用挖补镶嵌方法，风化深度大于 20mm 的用相同材质的砖块（片）用减碱砂浆挖补和镶补，嵌补砖片厚度大于 20mm，不得贴皮。

（4）临时构件清除和孔洞修复：埋件采用冲击钻，在贴紧埋件四周打孔后拔除，用修补砂浆修补后做嵌补修复，施工时不得采用铁锤、钢凿清理埋件，以免损坏关联墙砖。

（5）后覆盖砂浆部分的修复：用小号钢凿在次要部位小心敲凿，出现裂纹后用钢凿插入裂纹处，小心起撬分小块逐步拆除。

（6）风化及缺损缝子（砖勾缝）修复：选择合适尺寸的钢凿凿除松动、壳起勾缝，清除刨面污迹和灰尘；随后用专用填缝剂掺增固乳胶对勾缝二次刷浆修补，勾缝采用平缝。

图 1 清水墙修缮施工方案

2. 屋面修缮施工方案（图 2）

本次坡屋面修缮为满足防水、保温要求，在对老屋面进行修缮过程中增加了一道防水板和一道保温板。根据修缮过程中的实际情 况，本次屋面修采取了如下步骤：

（1）拆除原破损的屋面瓦片和木望板；

（2）屋顶结构（木屋架）、木檩条修整；

（3）进行防腐、防白蚁、防火处理；

（4）铺设 30mm 厚木望板；

（5）更换铺设防水层（1.5mm 厚自粘性 APP 防水卷材）；

（6）屋脊、斜天沟增设防水卷材；

（7）铺设 20mm 厚 STP 真空绝热保温板；

（8）更换安装挂瓦条（30mm×40mm 松木）；

（9）重新铺设瓦片；

（10）安装雨水管；

（11）其他内容：包括压顶梁新做、混凝土檐沟新做、百合花饰新做、避雷系统更换、十字架安装等。

3. 室内修缮施工方案

（1）木构件及楼梯修缮方案（图 3）

分布情况：木楼梯、踢脚、壁炉、内门、门套、窗套。

木构件及楼梯的损坏：木构件的损坏主要分为油漆剥落、部分损坏以及历史性替换。

木构件及楼梯的修复：

①踢脚、壁炉、门窗：木构件保存较好，极少部分有腐朽损坏现象，按原样修复，仔细勘察是否有白蚂蚁破坏现象，如没有发现，以

图 2　屋面修缮施工方案

油漆为主进行出新。

②地板：历史性替换，用同材质木材刷胶补齐，最后上哑光着色水性漆两道。

③楼梯：东北侧木楼梯、木楼梯踏步板、踢脚板普遍磨损。油漆老化、剥落。木扶手油漆局部剥落。木楼梯拆白，木栏杆扶手一底二度暗红色调和漆，楼梯踏步、地板采用暗红色地板漆。

（2）混凝土楼梯修缮方案（图 4）

天主堂西北角、西南角两翼为钢混结构楼梯，楼梯栏杆为铸铁花饰栏杆、木扶手，踏面为水磨石饰面。梯段板板底、侧墙为涂料涂刷，普遍起皮剥落。楼梯铁栏杆木扶手基本完好。混凝土楼梯多处防滑条缺失，水磨石面层磨损。

修缮方案：

水磨石整体保存较好，使用中性清洗剂清洗，缺损部分复制。水磨石踏步根据破损程度，轻微磨损不进行修复，保留其历史痕迹。楼梯栏杆为铸铁栏杆，采用脱漆、除锈、刷防锈漆黑色面漆一底两涂。楼梯木扶手拆白，刷半亚光硝基漆。黄铜防滑条清洗翻新，缺损件定制补配。

（3）彩色地砖修复方案

主堂一层地坪为 Chee Hsin Floor Tiles(天津启新洋灰厂制水泥花地砖)，目前现状保留的彩色地砖面全部清洗彻底并重新勾缝，即便有损坏或开裂也建议全部原物保留，仅对空鼓翘起的砖片进行重新粘贴处理。

原有花砖地坪应统一冲刷洗净并现场检查，空鼓松动部位应重新粘贴。花砖地坪缺失处应当按原式样复制并全部恢复。

修补彩色地砖工艺流程是：处理基层→弹线→彩色地砖浸水湿润→摊铺水泥砂浆→安装标准块→铺贴地彩色面砖→勾缝→清洁→养护。

表面脱漆　出白　批刮腻子　油漆

木栏杆新做油漆　木楼梯新做油漆　木地板新做　壁炉木饰面新做油漆

图 3　木构件及楼梯修缮施工方案

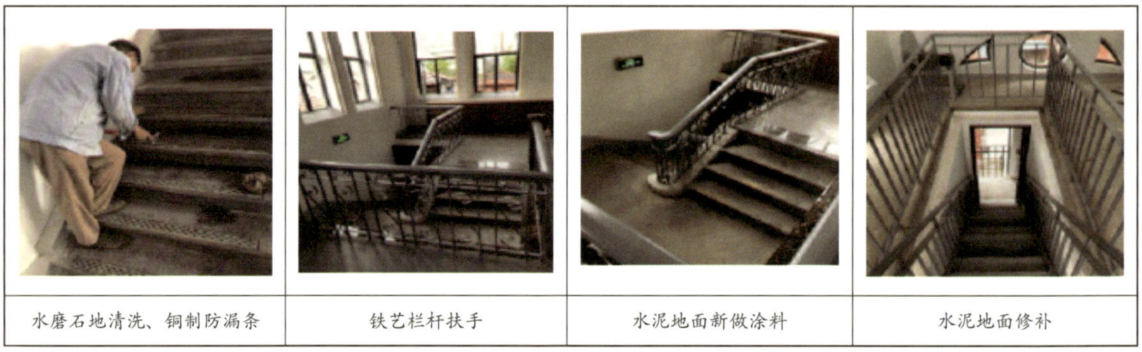

水磨石地清洗、铜制防漏条　铁艺栏杆扶手　水泥地面新做涂料　水泥地面修补

图 4　混凝土楼梯修缮施工方案

人才公园绿化养护工程

——深圳市南山园林绿化有限公司

施工单位：深圳市南山园林绿化有限公司

工程地点：广东省深圳市南山区

项目工期：2019 年 12 月 1 日—2020 年 11 月 30 日

建设规模：66.9 万平方米（其中绿化养护面积 34.9 万平方米）

工程造价：930.38 万元

本文作者：黄景生　深圳市南山园林绿化有限公司　园林高级工程师、总经理助理

图 1　30 万平方米的水体

一、工程概况

人才公园地处深圳市科苑大道以东、沙河西路以西、东滨路以北、海德三道以南，与后海金融总部基地属同一片区，同时毗邻高新区、深圳湾超级总部基地，是深圳大量的高新技术人才与高端金融人才的聚集地。

整个公园占地面积约 77 万m^2（地铁施工占用 10.1 万m^2），本次服务面积 66.9 万m^2，其中水体面积约 30 万m^2。本工程主要工程量包括园建、景观照明、绿化给排水、绿化种植，包含但不限于绿化管养、卫生保洁、湖面保洁、公园强弱电维护、消防系统维护、垃圾清运、园区消杀、时花摆放及更换、4 栋公厕保洁管养及厕所用品购置等 (图 1 ～图 24)。

二、工程理念

人才公园从“人才赋予公园灵魂，公园彰显城市精神”的理念出发，按照“一湖一岸四轴”思路规划建设。其中“一湖”，即公园内湖主景；“一岸”，即 15km 深圳湾滨海休闲带；“四轴”，即人才科技轴 (科苑南路超级总部基地街区)、人才景观轴 (登良路公园主入口街区)、人才艺术轴 (创业路商业文化街区)、人才运动轴 (海德三道深圳湾体育中心街区)。工程秉承生态性开发的理念，对自然生态水系最大程度地保护和利用，满

图 2　F1 摩托艇比赛水域

图 3　大乔木加疏林草坪，是市民休闲的好去处

图 4　人才公园景观 1

图 5　人才公园景观水体及驳岸景观

图 6　木板与钢材组合形成的景观小品

图 7　人才星光桥

足市民康体健身、活动和参与性的需求。

人才公园处处可见人才元素，充分凸显人才主题。公园东侧是横跨湖面的人才星光桥，上面矗立着 30 位深圳杰出人物的星光柱，以此纪念这些为深圳发展做出巨大贡献的杰出人才。公园中心湖面西侧是人才与历史景观墙，红色的铁板上镂空成字，罗列了古今中外“人才”字、形、义的演化及有关名家名篇，更有数十种字体书写的“人才”二字，从多个角度为人才作注解。公园南侧的 π 桥，两侧的栏杆上镶嵌着圆周率小数点后 2017 位，寓意 2017 年建设和开放，代表对未来无限的美好憧憬。人才功勋墙、人才公园记、人才雕塑园、人才体验馆、人才故事汇详细记录并展示了深圳改革开放的伟大历程，以及深圳人才的奋斗史、发展史，以此纪念深圳人才群体的辉煌过去，并激励当今人才继往开来。

除了景观外，园内还设计了实用性强的功能空间，分别为尚贤阁和群英荟。尚贤阁定位为公园会务中心，设有院士讲堂、多功能厅、人才咖啡、人才书吧等，主要功能包括举办学术报告、项目路演等。群英荟功能定位为公园活动中心，设有创客空间、健身中心、人才体验馆、“深爱人才”体验馆等。人才公园的观赏价值与实用价值完美结合，进一步凸显了人才价值。

图 8　公园南侧的 π 桥（结合原始地貌、湖岸线对地形进行梳理）

图 9　尚贤阁

图 10　人才雕塑园

图 11　人才元素，充分凸显出人才主题

图 12　树阵广场结合人才功勋坐椅

图 13　人才公园景观 2

图 14　方便市民锻炼的绿道

图 15　长势良好的龙骨

图 16　野趣十足

三、工程的重点及难点

1. 从技术上保证进度

（1）由项目部总工程师全面负责该项目的施工技术管理，项目经理部设置工程技术部，负责制订施工方案，编制施工工艺，及时解决施工中出现的问题，以方案指导施工，防止出现返工现象而影响工期。

（2）实行图纸会审制度，在工程开工前由总工程师组织有关技术人员进行设计图纸会审，并及时向业主和监理工程师提出施工图纸、技术规范和其他技术文件中的错误和不足之处，使工程能顺利进行。

（3）采用新技术、新工艺，尽量压缩工序时间，安排好工序衔接，统一调度指挥，使工程有条不紊地进行施工。

（4）实行技术交底制度，施工技术人员在施工前认真做好详细的技术交底。

（5）施工时采用计算机进行网络管理，确保关键线路上的工序按计划进行，若有滞后，立即采取措施予以弥补。计算机的硬件和软件应满足工地管理的需要，符合业主统一的管理规定。

2. 整体规划

（1）推行全面质量管理，开展群众性的 QC 小组活动，在施工中制定全面质量管理、工作规划，超前探索和解决施工中的疑难问题，消除质量通病。

（2）工程实施中，运用高精度的仪器，采用先进的检测手段，控制施工的每个环节。

（3）建立完善的技术管理体系，按照实施性施工组织设计确定的施工程序，精心组织流水线平行作业，控制每道工序，狠抓工序衔接，实行施工技术、测量、试验、计量技术资料全过程的标准化管理，做到技术标准、质量标准、管理标准相统一。

（4）妥善保管好有关工程进度、质量检验、障碍物拆除，以及所有影响本工程的原始记录和照片。

（5）按照监理工程师和业主的技术要求，利用人才优势，发挥技术专长，实行规范化、程序化、标准化施工作业，在现场树立典型示范作业面，为创优质工程奠定坚实的技术基础。

四、新技术、新材料、新工艺的应用

为了有效促进生产力的提高，降低工程成本，减轻工人的带动强度，提高工人的操作水平和工程质量，满足绿化工程项目建成后的使用功能，公司在施工中把先进工艺和施工方法、先进技术应用到工程上去，大力推广新技术、新工艺、新材料、新设备，确保工程质量。公司始终遵循“科技是第一生产力”的原则，广泛应用新技术、新工艺、新材料、新设备“四新”成果，充分发挥科技在施工生产中的先导、保障作用。

1. 新技术、新工艺的应用

（1）为提高现场综合管理水平，项目配置影像设备，对主要工序、重点部位拍摄过程影像资料，并随工程进度同步收集整理，以确保过程质量。

（2）信息化施工技术是保证工程质量、施工进度和成本控制的有效工具。对工程质量、

图 17　地被及灌木长势良好

图 18　长势良好的马鞍藤

图 19　不同品种的植物颜色艳丽、层次分明

进度、技术、材料、安全、资金等目标实行动态控制，把施工过程中发生的有关信息做有序的存储整理，以部门之间、配合单位之间的信息交流为中心，以岗位工作标准为切入点，解决项目部从信息收集、处理到决策等环节的准确性、及时性，为项目部高效、优质管理提供依据。

2. 新材料、新设备的应用

（1）园林绿化中新材料的应用

①施工中使用的新型材料

保水剂：保水剂是一种吸水能力特别强的功能高分子材料，无毒无害，反复释水、吸水，因此，农业上人们把它比喻成微型水库。同时它还能吸收肥料、农药，并缓慢释放，增加肥效、药效，广泛用于农业、林业、园艺建筑材料等方面。

②抗蒸腾防护剂

抗蒸腾防护剂主要用于农业、园艺、林业等领域，在持续干旱的情况下施用，有效抑制树体水分的蒸发，尤其对于反季节性树木移栽，是提高其成活率不可或缺的重要辅助措施。抗蒸腾防护剂具有环保型生态材料高分子网状结构，其分子间隙具有透气性，能够保证植物的正常呼吸与通气。在植物枝干与叶面表层形成超薄透光的保护膜，有效抑制植物体内水分的过度蒸腾，最大程度地降低因移植、干旱及风蚀造成的枝叶损伤，提高植物成活率，降低人工养护成本。

③透水软管

透水软管是一种具有侧滤透（排）水作用的新型管材，具有满足工程设计要求的耐压性能，对地质无特殊要求。透水软管的外层为麻丝纤维，中衬为螺旋钢丝，内层为无纺布。

（2）园林养护过程中使用的新材料

①“护树宝”无纺布

“护树宝”无纺布应用于移栽树木及树木养护，代替原来的草绳和麻布片缠绕在树干上。“护树宝”无纺布具有柔韧、保暖性能好、吸湿效果佳、透气性强、色彩艳丽、抗老化、利于树茎生长等优点，不但比草绳、麻布片缠树的效率提高 6 倍以上，而且使用寿命长，可循环使用 3 次以上，对于降低成本和保护环境、节约能源都有重大意义。通过在无纺布生产过程中添加杀虫剂和杀菌剂，还可以杀

图 20　艳丽的澳洲火焰木

图 21　人才公园特色雕塑 1

死侵害树木的害虫和杂菌；添加保湿剂，可以促进树木生长，提高成活率。此产品在上海、南京、杭州等地已推广使用。此产品按照常规树木直径和高度可裁切成宽度为 13 ～ 14cm、长度不等的带状布，也可以根据用户要求选择色彩和量树定制而成。

②植物防冻液

植物防冻液是采用优良防冻、抗冻元素形成的一种植物专用防冻、抗冻液，添加特殊因子及激活生物酶，杀灭冰核细菌和阻止细菌繁殖。施用后形成的保护膜，可以增强植株保水和抗冻能力，抑制和破坏冰冻蛋白成冰活性，降低结冰能力，显著提高植株对低温的抵抗力。施用方法为稀释 500 ～ 800 倍均匀喷施植株，喷 2 ～ 3 次，每次间隔 10 ～ 15d。植物防冻液主要用于植物发芽前后、开花前后突遇低温受冻害后，以及连续雨雪后或寒冷天气转好时。

③草坪增绿剂

草坪的生长过程中，因环境、气候、土质及养护不当的原因，引起草坪缺肥、缺元素、受病虫害的侵袭，以及新移植的草坪受旱发黄时，为提高观赏效果以及草坪复壮，可用草坪增绿剂。

草坪增绿剂无论是暖季草还是冷季草，各种混播草坪都可以使用。草坪增绿剂含有一种特殊的铁质成分——螯合铁，可有效促进草的光合作用，促进青草生长。在秋季时推迟草的枯萎；在春天时加快草的生根发芽；冬季时可以加快霜雪融化，因为草坪增绿剂含有特殊的着色成分，具有很高的吸热能力，可使草在冬天生长得很快，也易使霜雪融化。

（3）先进机械、仪器设备的应用

采用低噪声高效率振捣棒，可显著降低浇筑混凝土时的噪声，减少对周边环境的影响。采用多功能继电器校验仪，主要应用于多种型号的继电器、电流电压表的现场校验，省工、省料，提高效率。投入先进的通讯设备，以加快信息沟通速度，提高工作效率。

图 22　人才公园特色雕塑 2

图 23　人才公园特色雕塑 3

图 24　极具现代风格的创意雕塑